Lothar Weber

REICHSBAHN AUSBESSERUNGSWERKE der DDR

transpress

Einbandgestaltung: Luis dos Santos
Titelbild: Die Übernahme durch den französischen Alstom-Konzern sicherte die Zukunft für das traditionsreiche Raw Stendal (vgl. S. 65). Am 20. April 2011 verließ 118 770, alias 228 770, das Werksgelände der ALSTOM Lokomotiven Service GmbH.
Foto: D. Endisch
Rücktitel: Bereits vor dem Zweiten Weltkrieg zählte das Raw Dessau zu den modernsten Ausbesserungswerken der Reichsbahn (vgl. S. 8 u. S. 37).
Foto: Historische Sammlung DB AG, Slg. H.-J. Lange

Bildnachweis:
Die zur Illustration dieses Buches verwendeten Aufnahmen stammen – wenn nichts anderes vermerkt ist – vom Verfasser.

Eine Haftung des Autors oder des Verlages und seiner Beauftragten für Personen-, Sach- und Vermögensschäden ist ausgeschlossen.

ISBN 978-3-613-71522-6

Ein Unternehmen der Paul Pietsch Verlage GmbH & Co. KG

1. Auflage 2017

Sie finden uns im Internet unter www.transpress.de

Lektor: Hartmut Lange
Innengestaltung: Jürgen Knopf
Repro: Medien und Printprodukte, 74321 Bietigheim-Bissingen
Druck und Bindung: Graspo CZ, 76302 Zlin
Printed in Czech Republic

Vorwort

Die Ausbesserungswerke stehen meist im Schatten der Bahnhöfe und Bahnbetriebswerke. Völlig zu unrecht, denn die Schlosser, Elektriker, Meister und Ingenieure der Ausbesserungswerke sind für die Unterhaltung der Schienenfahrzeuge verantwortlich. In den Werken erhalten die Triebfahrzeuge und Wagen nicht nur die gesetzlich vorgeschriebenen Revisionen, sondern hier werden auch größere Reparaturen, z.B. nach Unfällen, ausgeführt, Fahrzeuge umgebaut und modernisiert oder Komponenten für die Werkstätten in den Betriebswerken aufgearbeitet.

Die Geschichte der Ausbesserungswerke begann bereits 1835 mit der Eröffnung der ersten deutschen Eisenbahn zwischen Nürnberg und Fürth. Damals genügten noch einfache Werkstätten, die als »Remisen« bezeichnet wurden, den betrieblichen Belangen. Diese Remisen waren aber nach heutigen Gesichtspunkten eine Mischform aus Ausbesserungs- und Bahnbetriebswerk. Erst in den 1860er-Jahren setzte sich in Deutschland die Trennung zwischen der so genannten Erhaltung der Fahrzeuge, heute als »schwere Instandhaltung« bezeichnet, und der betriebsnahen Unterhaltung, also den Fristarbeiten und kleineren Reparaturen, durch. Aus den kleinen Remisen entstanden so im Laufe der Jahre regelrechte Industriebetriebe mit bis zu 3.000 Beschäftigten. Doch in den meist als »Central-« oder »Hauptwerkstätten« bezeichneten Dienststellen herrschte in der Länderbahnzeit die handwerkliche Arbeit vor. Zudem waren die Ausbesserungswerke kaum spezialisiert. Es bestanden neben Lok- und Wagenwerkstätten auch Abteilungen, in denen beispielsweise Weichen, Signale oder andere Eisenbahntechnik repariert wurde.

Erst die Deutsche Reichsbahn-Gesellschaft (DRG) reformierte Anfang der 1920er-Jahre das Werkstättenwesen grundlegend. Durch die Einführung genormter Baugruppen und Teile, die Spezialisierung der Werkstätten und die Einführung neuer Technologien konnte die Wirtschaftlichkeit der Reichsbahnausbesserungswerke (Raw) deutlich gesteigert werden. Damit einher gingen jedoch die Schließung mehrerer Werke und die Entlassung zahlloser Eisenbahner. Nach dem Zweiten Weltkrieg baute die Deutsche Reichsbahn (DR) in der sowjetischen Besatzungszone auf den Erfahrungen der DRG auf. Allerdings gewannen ab Mitte der 1950er-Jahre die Modernisierung und später dann der Neubau von Schienenfahrzeugen in den Ausbesserungswerken erheblich an Bedeutung. Die tiefgreifenden politischen und wirtschaftlichen Veränderungen in den Jahren 1989/90 hatten auch für die Ausbesserungswerke der DR gravierende Folgen. Mit der Gründung der Deutschen Bahn AG (DB AG) am 1. Januar 1994 wurden völlig neue Strukturen geschaffen, die letztlich zu einem regelrechten Niedergang der Ausbesserungswerke führten. Das typische Raw ist heute längst Vergangenheit. Von den 18 Reichsbahnausbesserungswerken betreibt die DB AG im Sommer 2016 nur noch die Werke Berlin-Schöneweide, Dessau, Chemnitz, Cottbus und Wittenberge sowie das Dampflokwerk (DLW) Meiningen. Die anderen Werke sind entweder privatisiert oder geschlossen.

Diese wechselvolle Geschichte wird auf den folgenden Seiten in kurzer und kompakter Form beschrieben. Nach einem kurzen Abriss zur allgemeinen Entwicklung des Werkstättenwesens in Deutschland werden die einzelnen Reichsbahnausbesserungswerke und Werkabteilungen vorgestellt. Das Raw Berlin-Grunewald und das Raw Berlin-Tempelhof fehlen hierbei jedoch, da sie in Westberlin lagen und eine Sonderrolle bei der DR spielten.

Möge dieses Buch die Ausbesserungswerke der DR vor dem Vergessen bewahren und an die Leistungen der Werkstätteneisenbahner erinnern.

Lothar Weber
Potsdam

Inhalt

Das Raw Meiningen gehört zweifelsohne zu den bekanntesten Ausbesserungswerken der Deutschen Reichsbahn. Das Werk war ab 1980 für die Unterhaltung der letzten regelspurigen DR-Dampfloks verantwortlich.
Foto: Leyer, Slg. G. Schütze

1. Remise, Hauptwerkstatt und Ausbesserungswerk – die Geschichte des Werkstättenwesens

Die Ausbesserungswerke sind so alt wie die Eisenbahn. Was aber in den riesigen Hallen passierte, wussten nur Eingeweihte, da das Geschehen von außen nicht beobachtet werden konnte. An der eigentlichen Aufgabe des Werkstättenwesens – der Erhaltung und Instandsetzung der Fahrzeuge – hat sich bis heute nichts geändert. Die Strukturen und Organisationsformen wechselten hingegen im Laufe der Zeit immer wieder.

1.1 Die ersten Remisen

Bereits bei der Eröffnung der ersten deutschen Eisenbahn zwischen Nürnberg und Fürth am 7. Dezember 1835 wurden Werkstätten für die Reparatur der Fahrzeuge, Maschinen und sonstigen technischen Anlagen benötigt. Angesichts des noch bescheidenen Lok- und Wagenparks genügten aber einfache Werkstätten, die meist als »Remisen« bezeichnet wurden, den betrieblichen Belangen. Die Ludwigsbahn unterhielt zwei Werkstattgebäude, die jeweils 21,64 m lang und 8,53 m breit waren.

Als »Vater« des Werkstättenwesens gilt der Engländer John Blenkinsop (1813–1884). Die Braunschweigische Staatseisenbahn hatte Blenkinsop 1838 gemeinsam mit seinem Landsmann James Black als Lokführer für die am 1. Dezember 1838 eröffnete Strecke Braunschweig–Wolfenbüttel verpflichtet. Blenkinsop und Black überwachten den Zusammenbau der in Einzelteilen angelieferten Dampfloks der Braunschweigischen Staatsbahn und bildeten die ersten deutschen Lokführer aus. Während Black nach einiger Zeit nach England zurückkehrte, blieb Blenkinsop in Braunschweig und stieg hier zum Technischen Direktor der Staatseisenbahn auf. Im Gegensatz zu seinen damaligen Amtskollegen vertrat er die Meinung, dass es sinnvoller war, die Lokomotiven und Wagen nicht erst im Schadensfall zu reparieren, sondern die Fahrzeuge in regelmäßigen Intervallen zu überprüfen und zu warten. Blenkinsop entwickelte die ersten Pläne für Frist- und Reparaturarbeiten. Auch die Remise in Braunschweig wurde unter seiner Leitung schrittweise erweitert und modernisiert.
Blenkinsops Ideen setzten sich schnell bei den deutschen

In Berlin betrieb die Reichsbahn insgesamt vier Ausbesserungswerke. Im Raw Berlin-Tempelhof herrschte Ende der 1940er-Jahre Hochbetrieb. *Foto: Eschen, G. Schütze*

Eisenbahnunternehmen durch. Ähnliche Überlegungen stellten auch die Ingenieure der Berlin-Potsdamer Eisenbahn-Gesellschaft (BPE) an, die die erste Betriebs- und Reparaturwerkstätte errichten ließ. In Potsdam entstand in den Jahren 1837/38 das erste richtige Ausbesserungswerk, das spätere Reichsbahnausbesserungswerk (Raw) Potsdam (siehe S. 78 ff.), das am 22. September 1838 seiner Bestimmung übergeben wurde.
Doch die Arbeiter in der Remise in Potsdam setzten nicht nur Lokomotiven sowie Personen- und Güterwagen instand. Hier wurden auch Weichen, Signale und andere Eisenbahntechnik repariert. Das Vorbild der BPE fand viele Nachahmer. Auch andere deutsche Eisenbahnunternehmen erbauten in den folgenden Jahren Remisen. Die Magdeburg-Cöthen-Halle-Leipziger Eisenbahn-Gesellschaft (MCHLE) nahm 1840 den Vorläufer des späteren Ausbesserungswerks Magdeburg-Buckau in Betrieb. 1843 folgten die Breslau-Schweidnitz-Freiburger Eisenbahn-Gesellschaft mit ihrer späteren Centralwerkstatt in Breslau und die Magdeburg-Halberstädter Eisenbahn-Gesellschaft (MHE) mit dem Vorläufer des Raw Halberstadt.
Mit dem Ausbau des Streckennetzes in Deutschland und der damit verbundenen Vergrößerung des Fahrzeugparks mussten die Werkstattkapazitäten entweder durch den Umbau vorhandener Remisen erweitert oder durch Neubauten ergänzt werden. Die damals vorhandenen Remisen waren nach heutigem Verständnis eine Mischung aus Ausbesserungs- und Bahnbetriebswerk. Im Hinblick auf einen reibungslosen und effizienten Betriebsablauf erschien es einigen Eisenbahn-Ingenieuren sinnvoll, die so genannte Erhaltung der Fahrzeuge, heute als »schwere Instandhaltung« bezeichnet, von der betriebsnahen Unterhaltung (Fristarbeiten) zu trennen.

Das Raw Dessau gehörte zu den modernsten Ausbesserungswerken der Reichsbahn. Das Werk wurde am 2. Dezember 1929 seiner Bestimmung übergeben und war für die Erhaltung der Elektroloks zuständig. Die Aufnahme aus dem Jahr 1932 zeigt E 17 107 und E 77 73 in der so genannten Halle 1.

Foto: Historische Sammlung DB AG, Slg. H.-J. Lange

Diese Überlegungen wurden 1865 auf der Techniker-Versammlung des Vereins Deutscher Eisenbahn-Verwaltungen intensiv diskutiert. Die verschiedenen Technologien in der Fahrzeug-Erhaltung und -Unterhaltung hatten auch Auswirkungen auf die baulichen Anlagen der Werkstätten. Dies führte bis 1870 zur Trennung des Betriebsmaschinendienstes, der fortan für die betriebsnahe Unterhaltung zuständig war, vom Werkstättenwesen, dem die Erhaltung oblag. Dies schlug sich auch in den Namen nieder. Während die Dienststellen des Betriebsmaschinendienstes beispielsweise in Preußen als »Betriebswerkstätten« bezeichnet wurden, setzten sich für die Remisen des Werkstättenwesens die Begriffe »Central-« oder »Hauptwerkstätte« durch.

Die MHE vollzog als eines der ersten deutschen Eisenbahnunternehmen die Trennung zwischen Betriebsmaschinendienst und Werkstättenwesen. Die neuen Ideen wurden sogleich beim Bau der neuen Centralwerkstatt in Halberstadt umgesetzt, die 1868 eröffnet wurde. Außerdem gründete die MHE neue Ausbesserungswerke in Berlin (1871) und Stendal (1872). Die meisten Hauptwerkstätten unterhielt im 19. Jahrhundert die Cöln-Mindener Eisenbahn-Gesellschaft (CME). Die CME eröffnete 1845 ihre erste Remise in Deutz. Mit dem Ausbau des Streckennetzes entstanden in der Folgezeit u.a. in Deutzerfeld (1845), Betzdorf (1863) und Osnabrück (1872) weitere Werkstätten.

Die Verwaltungsstrukturen und die Aufgaben der Werkstätten der einzelnen Eisenbahnunternehmen stimmten im Wesentlichen überein. Die Centralwerkstätten führten in erster Linie die gesetzlich vorgeschriebenen Zwischen- und Hauptuntersuchungen an den Fahrzeugen aus. Außerdem übernahmen sie größere Reparaturen, die nicht in den Betriebswerkstätten ausgeführt werden konnten. Des Weiteren bauten die Centralwerkstätten auch Lokomotiven und Wagen um. Die Leitung einer Centralwerkstätte oblag meist einem so genannten Obermaschinenmeister, der bei Eisenbahnunternehmen der höchste technische Beamte war.

Bereits in den 1850er-Jahren begann in einzelnen Werken die Spezialisierung. Die CME gründete aufgrund ihres großen Güterwagenbestandes neben den Centralwerkstätten für Lokomotiven die ersten Wagenwerke. Diese entstanden in Oberhausen (1854), Deutzerfeld (1862) und Dortmund (1875). Diesem Vorbild folgten weitere Eisenbahngesellschaften. Die Hessische Ludwigsbahn errichtete 1872 in Darmstadt eine Wagenwerkstatt. Später folgten die Thüringische Eisenbahn-Gesellschaft mit ihrem Werk in Gotha und die Königliche Ostbahn, die ab 1877 in Königsberg ein Ausbesserungswerk für Wagen betrieb.

1.2 Preußen, Sachsen und Mecklenburg

Als das Königreich Preußen Ende der 1870er-Jahre begann, die wichtigsten Eisenbahnunternehmen auf

Nach Abschluss der Reparaturarbeiten absolvierten die Triebfahrzeuge eine Leer- und eine Lastprobefahrt, bei der die Maschine auf ihre Funktionsfähigkeit überprüft wurde. Bei Dampfloks war außerdem eine Indizierfahrt vorgeschrieben, mit der die exakte Dampfverteilung in den Zylindern überprüft wurde. Im Sommer 1974 rollte die mit einem Indiziergerät ausgerüstete 50 4079 durch den Bahnhof Stendal. Foto: Dietzel, Slg. G. Schütze

Das Raw Görlitz war ab 1958 für die Erhaltung aller Schmalspur-Dampfloks der DR verantwortlich. Die Überführung der Maschinen erfolgte mit Hilfe von Transportwagen. *Foto: J. Schulze, Slg. G. Schütze*

seinem Hoheitsgebiet zu übernehmen, blieben die vorhandenen Strukturen im Werkstättenwesen zunächst bestehen. Lediglich die Obermaschinenmeister wurden versetzt. Sie gehörten fortan zur maschinentechnischen Abteilung der betreffenden Königlichen Eisenbahn-Direktion (KED). Die Dienstgeschäfte in den Werken führte fortan ein so genannter Werkstättenvorstand. Doch Ende der 1890er-Jahre entsprach diese Struktur nicht mehr den betrieblichen und wirtschaftlichen Erfordernissen der Preußischen Staatsbahn. Diese führte für ihr Werkstättenwesen im Rahmen einer Neuorganisation zum 1. April 1895 neue Zuständigkeiten ein. Das war auch dringend notwendig, denn zu diesem Zeitpunkt betrieb die Preußische Staatsbahn 60 Hauptwerkstätten und 19 kleinere Werke, die als »Nebenwerkstätten« bezeichnet wurden.

Kleinere Hauptwerkstätten wurden in Nebenwerkstätten umgewandelt, die den so genannten Maschinen-Inspektionen unterstanden. Die nun als »Hauptwerkstätten« (HW) bezeichneten Ausbesserungswerke wurden von den Werkstätten-Inspektionen geleitet. Die Hauptwerkstätten waren hingegen entsprechend ihres Produktionsprofils in Abteilungen gegliedert. Die meisten Hauptwerkstätten bestanden aus jeweils einer Reparaturabteilung für Lokomotiven und Wagen. Es gab aber auch Ausnahmen, wie z.B. die HW Leinhausen bei Hannover. Diese besaß neben der Lok- und Wagensparte noch eine Abteilung »a«, zu der die Schmiede, das Magazin und die Schwellentränkanstalt gehörten.

Nach der Reorganisation ihres Werkstättenwesens verfügte die Preußische Staatsbahn über insgesamt 59 Hauptwerkstätten mit 73 Werkstätten-Inspektionen. Bis

Im Rahmen des so genannten Reko-Programms entstanden im Raw Meiningen u.a. Dampfloks der Baureihe 01.5 und 22. Nur wenige Tage nach ihrer Endabnahme am 30. November 1964 präsentierte sich 01 531 auf der Drehscheibe des Bw Erfurt P. *Foto: Slg. D. Endisch*

zur Übernahmen der Länderbahnen durch das Deutsche Reich im Frühjahr 1920 änderte sich kaum etwas an der Struktur. Später wurden lediglich die Werkstätten-Inspektionen in »Werkstättenämter« umgewandelt.

Das Werkstättenwesen der anderen deutschen Länderbahnen fiel im Vergleich zur Preußischen Staatsbahn geradezu bescheiden aus. Den meisten Bahnverwaltungen genügten eine oder zwei Hauptwerkstätten für die Erhaltung ihres Fahrzeugparks. Auch die Ausbesserungswerke der Königlich Sächsischen Staatseisenbahnen (K.Sächs.Sts.E.) und der Mecklenburgischen Friedrich-Franz-Eisenbahnen (MFFE) waren aus den Werkstätten der ehemaligen privaten Eisenbahnunternehmen hervorgegangen. Die K.Sächs.Sts.E. betrieb im Sommer 1869 neben den Hauptwerkstätten in Dresden-Neustadt und Leipzig zwei kleinere Werkstätten in Dresden-Altstadt (1895 geschlossen) und Löbau (1889 geschlossen) sowie die Nebenwerkstätten in Chemnitz, Werdau und Zwickau. Im Gegensatz zur Preußischen Staatsbahn ließen die K.Sächs.Sts.E. in ihren Werkstätten größere Stückzahlen von regel- und schmalspurigen Wagen produzieren. Ende des 19. Jahrhunderts strafften die K.Sächs.Sts.E. ihr Werkstättenwesen. Die Nebenwerkstatt Chemnitz wurde zu einer Hauptwerkstatt aufgewertet, die sich im Laufe der Zeit zu einem der größten Ausbesserungswerke in Deutschland entwickelte (siehe S. 26 ff.). Im Zusammenhang mit dem Umbau der Bahnanlagen in der Landeshauptstadt entstand 1890 die neue Hauptwerkstatt in Dresden-Friedrichstadt (siehe S. 95 ff.). Die letzte größere Investition der K.Sächs. Sts.E. war schließlich der Neubau der Hauptwerkstatt in Engelsdorf (siehe S. 101 ff.), die 1905 in Betrieb

Das Raw Görlitz erneuerte ab 1964 insgesamt 50 Schmalspurlokomotiven der Baureihen 99.51–60, 99.64–71, 99.73–76, 99.450, 99.451, 99.464 und 99.470 als Generalreparatur und Großteilerneuerung. Die Großteilerneuerung der 99 653 (24.05.–28.09.1965) war de facto ein Neubau, denn außer den Zylindern, den Radsätzen und einigen Kleinteilen wurden alle anderen Baugruppen ersetzt. Am 29. Oktober 1971 stand die Maschine in Freital-Potschappel. Foto: Slg. D. Endisch

genommen wurde. Ende 1918 waren über 10.000 Männer und Frauen im Werkstättenwesen der K.Sächs. Sts.E. beschäftigt. Die meisten von ihnen arbeiteten in den Hauptwerkstätten Chemnitz (3.780 Beschäftigte), Dresden-Friedrichstadt (2.190 Beschäftigte), Engelsdorf (1.762 Beschäftigte) und Zwickau (1.600 Beschäftigte).

Die älteste Hauptwerkstatt der 1890 gegründeten MFFE befand sich in Schwerin. Die Mecklenburgische Eisenbahn-Gesellschaft hatte die Remise 1847 in Betrieb genommen. Außerdem unterhielt die MFFE Werkstätten in Malchin (siehe S. 129 ff.) und Rostock (siehe S. 132 ff.), die aber hinsichtlich ihrer Größe nicht mit den Hauptwerkstätten der Preußischen Staatsbahn konkurrieren konnten.

Die Hauptwerkstätten der Länderbahnen spielten nicht nur bei der Unterhaltung der Fahrzeuge eine wichtige Rolle. Sie übernahmen auch die Ausbildung des Nachwuchses und waren für viele Ingenieure eine wichtige Karrierestation. Die Mehrzahl der späteren Lokführer erlernte in den Hauptwerkstätten bzw. den späteren Ausbesserungswerken einen Beruf. Eine Lehrstelle bei einer der Länderbahnen war begehrt, denn die Lehrwerkstätten besaßen eine moderne Ausstattung und die Ausbildung galt als gründlich. Bekannte Eisenbahn-Ingenieure, wie z.B. Robert Garbe (09.01.1847–03.05.1932), Hans Nordmann (14.01.1879–17.11.1957) und Fritz Rimrott (20.09.1849–14.09.1923) begannen ihre Laufbahn im Werkstättenwesen. Robert Garbe, der

Verfechter der Heißdampftechnik, leitete beispielsweise die Werkstätten in Frankfurt (Oder) und Berlin Markgrafendamm.
Hans Nordmann, der spätere Versuchsdezernent der Reichsbahn, leitete ab 1917 für einige Jahre das Werkstättenamt in Kassel, während Fritz Rimrott der Hauptwerkstatt in Halberstadt vorstand. Heinrich Robert Lindner (25.05.1851–22.04.1933), der als Vorstand des maschinentechnischen Büros der K.Sächs. Sts.E. wesentlich die letzte Phase der Dampflokentwicklung in Sachsen prägte, bewährte sich zuvor als Maschineninspektor und Vorstand der Hauptwerkstatt Dresden-Friedrichstadt.
Zu Beginn des 20. Jahrhunderts investierten die Länderbahnen teilweise erhebliche Summen in die Modernisierung der vorhandenen Werkstätten. Dies galt vor allem für die Preußische Staatsbahn, die kleinere und unwirtschaftliche Werke schloss und stattdessen neue Anlagen errichtete. Dabei legten die Eisenbahn-Ingenieure Wert darauf, dass die neuen Hauptwerkstätten bei Bedarf schnell und einfach erweitert werden konnten. Daher entstanden die neuen Anlagen oft auf der sprichwörtlichen »grünen Wiese«. 1914 besaß die Preußische Staatsbahn 77 Hauptwerkstätten mit insgesamt 126 Werkstättenämtern. Während des Ersten Weltkrieges wurden die neuen Ausbesserungswerke in Jülich und Nied fertiggestellt.
Bei der Standortentscheidung für ein neues Ausbesserungswerk spielten nicht nur betriebliche Aspekte eine Rolle. Auch die Politik sprach ein gewichtiges Wort mit. In den Orten, wo sich die Hauptwerkstatt befand, war diese oftmals einer der größten Arbeitgeber. Selbst kleinere Hauptwerkstätten der Preußischen Staatsbahn zählten rund 1.000 und mehr Beschäftigte. Zu den größten Ausbesserungswerken der Preußischen Staatsbahn gehörten die HW Leinhausen bei Hannover (2.900 Beschäftigte), Köln-Nippes (2.100 Beschäftigte) und Opladen (2.000 Beschäftigte).

Mit dem Ende der Dampftraktion 1988 gab die DR auch die planmäßige Dampflokunterhaltung auf. 50 3576 des Bw Glauchau erhielt als letzte Maschine eine Hauptuntersuchung (07.03.–31.03.1988). Bevor die Lok nach Glauchau überführt wurde, absolvierte sie am 4. April 1988 eine letzte Probefahrt.

Foto: R. Heym, Slg. G. Schütze

Der Erste Weltkrieg markierte einen Einschnitt in der Entwicklung des Werkstättenwesens. Mit der Einberufung zahlreicher erfahrener Handwerker kam es zu ernsthaften Personalengpässen, die die Preußische Staatsbahn durch eine längere Arbeitszeit versuchte auszugleichen. Die seit Mitte 1905 bestehenden Arbeitszeitregelungen – 9 Stunden pro Tag und 54 Stunden pro Wochen – wurden durch einen 11-Stunden-Tag ersetzt. Außerdem wurde die Sonntagsarbeit (7 Stunden) eingeführt. Dennoch gelang es nicht, die Lücken im Personalbestand zu schließen. Daher wurden ab 1915 zahlreiche neue Schlosser eingestellt. Außerdem wurden jetzt auch Frauen und Kriegsgefangene in den Hauptwerkstätten beschäftigt. Doch die neuen, meist branchenfremden Arbeitskräfte mussten erst entsprechend qualifiziert werden. Dies wirkte sich jedoch negativ auf die Fertigungsqualität aus.
Nach dem Ende des Ersten Weltkrieges stieg die Zahl der Beschäftigten deutlich an. Mit der Demobilisierung des deutschen Heeres kehrten ab Dezember 1918 viele Arbeiter und Beamte wieder zu den Hauptwerkstätten zurück. Da aber die Entlassung der zwischen 1914 und 1918 eingestellten Beschäftigten gesetzlich verboten war, verdoppelte sich die Zahl der Werkstätteneisenbahner von etwa 100.000 im Jahr 1913 auf über 200.000 im Sommer 1920.

1.3 Von der Hauptwerkstatt zum Reichsbahnausbesserungswerk

Das Deutsche Reich übernahm durch einen Staatsvertrag zum 1. April 1920 die badischen, bayerischen, oldenburgischen, preußisch-hessischen, mecklenburgischen, sächsischen und württembergischen Länderbahnen und fasste sie zu einer Bahnverwaltung zusammen. Der Zusammenschluss der Länderbahnen wurde zunächst »Reichseisenbahnen« genannt, bevor Verkehrsminister Generalmajor a.D. Wilhelm Groener (22.11.1867–03.05.1939) am 27. Juni 1921 die Bezeichnung »Deutsche Reichsbahn« einführte.
Auf der Reichsbahn lastete eine schwere Hypothek: Die 114 Haupt- und Nebenwerkstätten waren zwar aufgrund der während des Ersten Weltkrieges mehr oder minder auf Verschleiß gefahrenen Lokomotiven und Wagen sehr gut ausgelastet, doch die Werke waren aufgrund des hohen Personalbestandes und der Fertigungstechnologie unwirtschaftlich. Die Fertigung erfolgte im Wesentlichen in Handwerkerarbeit. Diese arbeiteten zwar im Akkord, doch die meisten Teile waren Einzelanfertigungen. Angesichts der prekären finanziellen Situation begann die Reichsbahn 1923 damit, durch Entlassungen die Anzahl der Beschäftigten zu verringern. Ende Oktober 1923 gab es noch etwa 185.000 Werkstätteneisenbahner. Doch das waren immer noch mehr, als sich die Reichsbahn leisten konnte.
Ende 1923 verschärfte sich die Lage. Mit der Hyperinflation gerieten auch die Finanzen der Deutschen Reichsbahn außer Kontrolle. Um die steigenden Verluste zu begrenzen, musste weiter Personal abgebaut werden. Mit Hilfe einer am 27. Oktober 1923 erlassenen Notverordnung des Reichspräsidenten konnte die Reichsbahn bis zum Jahresende über 60.000 Arbeitsplätze in den Werkstätten streichen.
Doch den nun als Eisenbahn-Ausbesserungswerke (EAW) bezeichneten ehemaligen Haupt- und Zentralwerkstätten standen noch weitere tiefgreifende Änderungen bevor, da der Kostendruck auf die Reichsbahn weiter stieg. Das Deutsche Reich musste seine Staatsbahn mit der Annahme des Dawes-Plan – benannt nach dem US-amerikanischen Politiker Charles Gates Dawes (27.08.1865–23.04.1951) – zur Begleichung der im Versailler Vertrag festgelegten Reparationszahlungen verpfänden und in die privatrechtlich organisierte Deutsche Reichsbahn-Gesellschaft (DRG) umwandeln. Die DRG wickelte ab 11. Oktober 1924 den Betrieb ab und musste bereits für das Geschäftsjahr 1924/25 einen Gewinn in Höhe von 330 Millionen Reichsmark (RM) erwirtschaften. Diese Summe stieg bis zum Geschäftsjahr 1927/28 auf 660 Millionen RM an.
Angesichts dieser Zahlungsverpflichtungen mussten auch die Kosten in der Fahrzeugunterhaltung deutlich verringert werden. Maßgeblichen Anteil daran hatte Regierungsbaurat Peter Kühne (01.12.1875–28.08.1952). Als Referent für das Werkstättenwesen in der Reichsbahn-Hauptverwaltung trieb er ab 1924 maßgeblich die Rationalisierung in den Ausbesserungswerken voran. Ein wichtiger Schritt dazu war die Einführung der Tauschteilwirtschaft und der Fließbandproduktion. Durch die Verwendung einheitlicher und genormter

Bauteile sowie die Nutzung der Deutschen Industrie-Normen (DIN) gelang es, die Produktivität der nun als Reichsbahnausbesserungswerke (RAW) bezeichneten Werkstätten erheblich zu steigern. Dauerte bei der Preußischen Staatsbahn die Hauptuntersuchung einer Dampflok einige Monate, konnte die Maschine Ende der 1920er-Jahre das Werk nach etwa vier Wochen wieder verlassen. Für seine Verdienste erhielt Kühne 1926 die Ehrendoktorwürde der Technischen Hochschule Danzig.

Bereits im Sommer 1924 verzeichnete die Hauptverwaltung der Reichsbahn erste Fortschritte, die aber einen weiteren Personalabbau zur Folge hatte. Im Verlauf des Jahres 1925 schloss die DRG zehn Ausbesserungswerke und fünf Betriebsabteilungen. Außerdem wurde in fünf Ausbesserungswerken die Lok- bzw. Wagenabteilung geschlossen. Dadurch verringert sich die Anzahl der Beschäftigten auf etwa 124.000.

Anfang 1925 führte die DRG für ihr Werkstättenwesen eine neue Struktur ein. Am 8. Februar 1925 wurden neun Werkstättenbezirke, die »Geschäftsführenden Direktionen für das Werkstättenwesen« (GDW) gebildet, auf die die Reichsbahnausbesserungswerke und die Werkabteilungen (WA) aufgeteilt wurden. Bei den Ausbesserungswerken wurde bis Ende der 1920er-Jahre zudem die Spezialisierung auf Loks oder Wagen weiter vorangetrieben. Außerdem gab es Werkstätten, die Signale, Weichen und andere Eisenbahntechnik instand setzten. Dank dieser Maßnahmen konnte die DRG bis Ende 1927 weitere 18 Ausbesserungswerke und 42 Werkabteilungen auflösen. Doch die DRG schloss nicht nur ältere Werkstätten, sie investierte auch in neue Anlagen. Dazu gehörten beispielsweise die Reichsbahnausbesserungswerke Brandenburg West und München-Freimann, das Raw Schöneweide für die Berliner S-Bahn oder das Raw Dessau, das für die Erhaltung elektrischer Triebfahrzeuge vorgesehen war. Im Sommer 1929 waren mehr als 91.600 Arbeiter in den Ausbesserungswerken der DRG beschäftigt.

Mit Beginn der Weltwirtschaftskrise 1929 und dem damit verbundenen Rückgang der Beförderungsleistungen im Schienenverkehr musste die DRG abermals Personal in den Werkstätten abbauen. Erneut wurden Ausbesserungswerke aufgelöst, Teilbereiche ausgegliedert oder bisher selbstständige Dienststellen in Werkabteilungen umgewandelt. Durch diese Maßnahmen verringerte sich die Anzahl der Reichsbahnausbesserungswerke von 87 im Jahr 1928 auf 78 im Jahr 1932.

Nach der Machtübernahme der Nationalsozialisten am 30. Januar 1933 endete aus arbeitsmarktpolitischen Gründen der Personalabbau in den Ausbesserungswerken. Lediglich Eisenbahner, die sich in Gewerkschaften oder Parteien gegen die neuen Machthaber engagiert hatten, wurden entlassen. Um die Zahl der Arbeitslosen zu verringern, musste die DRG sogar wieder Arbeiter in den Ausbesserungswerken einstellen.

Während des Zweiten Weltkrieges waren die Reichsbahnausbesserungswerke mit der Reparatur von Lokomotiven und Wagen ausgelastet. Einzelne Werke wurden auch für die Rüstungsproduktionen genutzt. Während in den Hallen des RAW Brandenburg West Panzer gebaut wurden, arbeitete das RAW Wittenberge Motoren für die Wehrmacht auf. Da viele Werkstätteneisenbahner im Feld standen, wurden nun wieder verstärkt Frauen in der Produktion eingesetzt. Außerdem beschäftigte die Reichsbahn in den Ausbesserungswerken so genannte Dienstverpflichtete aus westeuropäischen Ländern, Zwangsarbeiter aus Polen und der Sowjetunion sowie Kriegsgefangene. Ab 1943/44 setzten einzelne Reichsbahnausbesserungswerke auch KZ-Häftlinge ein. Dies war u.a. in Dresden (Außenlager des KZ Flossenbürg), Gleiwitz (Außenlager des KZ Auschwitz), Halberstadt (Außenlager des KZ Buchenwald), Jena (Außenlager des KZ Buchenwald), München-Freimann (Außenlager des KZ Dachau) und Schwerte (Außenlager des KZ Buchenwald) der Fall. Da sich die Ausbesserungswerke meist in der Nähe wichtiger Eisenbahnknoten befanden, wurden sie ab 1942/43 auch von den Bomber-Verbänden der Alliierten angegriffen und teilweise schwer zerstört.

1.4 Jetzt auch Um- und Neubauten

Nach dem Zweiten Weltkrieg übernahm die Deutsche Reichsbahn (DR) in der sowjetischen Besatzungszone (SBZ) ein schweres Erbe – die Reichsbahnausbesserungswerke waren durchschnittlich zu 66 % zerstört. Nur mit viel Mühe und Improvisationsvermögen gelang es den Eisenbahnern, die Trümmer zu beseitigen und

Die Reichsbahnausbesserungswerke der DRG (Stand 01.01.1932)		
Geschäftsführende Direktion	Reichsbahnausbesserungswerk	Werkabteilung
Nr. 1 RBD Altona	Braunschweig	
	Glückstadt	Harburg
	Leinhausen	
	Lingen	
	Lübeck	
	Magdeburg	
	Neumünster	
	Osnabrück	
	Rostock	Malchin
	Sebaldsbrück	Oldenburg
	Stendal	
	Wittenberge	
Nr. 2 RBD Berlin	Berlin-Grunewald	
	Berlin-Schöneweide	
	Berlin-Tempelhof	
	Berlin Warschauer Straße	
	Brandenburg-West	
	Eberswalde	
	Potsdam	
	Stargard	
	Schneidemühl	
Nr. 3 RBD Breslau	Breslau	
	Gleiwitz / Lokwerk	
	Gleiwitz / Wagenwerk	
	Lauban	
	Oels	
	Oppeln	
	Schweidnitz	
Nr. 4 RBD Dresden	Chemnitz	
	Cottbus	
	Delitzsch	
	Dessau	
	Dresden	
	Halle (Saale)	
	Jena	
	Gotha	
	Leipzig-Engelsdorf	
	Meiningen	
	Zwickau (Sachsen)	
Nr. 5 RBD München	Ingolstadt	Augsburg
	Nürnberg Hbf	Nürnberg Rbf
	München-Freimann	München Hbf
	Neuaubing	
	Weiden (Oberpfalz)	
Nr. 6 RBD Kassel	Darmstadt / Lokwerk	
	Darmstadt / Wagenwerk	Ludwigshafen
	Frankfurt (Main) Hbf	
	Fulda	
	Göttingen	

	Kassel	
	Limburg (Lahn)	
	Nied	
	Paderborn Hbf	
	Paderborn Nord	
Nr. 7 RBD Köln	Jülich	
	Köln-Nippes	
	Krefeld-Oppun	
	Mülheim-Speldorf	
	Opladen	
	Recklinghausen	
	Schwerte	
	Siegen	
	Wedau	
	Witten	
Nr. 8 RBD Stuttgart	Aalen	
	Esslingen	
	Friedrichshafen	
	Kaiserslautern	
	Karlsruhe	
	Offenburg	Durlach
	Saarbrücken-Burbach	
	Schwetzingen	
	St. Wendel	
	Stuttgart-Cannstadt	
	Stuttgart Nord	Heilbronn
	Trier	Konz
Nr. 9 RBD Königsberg	Königsberg	
	Osterode (Ostpreußen)	

wieder Fahrzeuge instand zu setzen. Die Generaldirektion (GD) der DR behielt die bewährte Organisationsstruktur im Wesentlichen bei. Am 1. November 1945 wurden lediglich die Zuständigkeitsbereiche der GDW neu geordnet. Der GDW Berlin unterstanden fortan die Reichsbahnausbesserungswerke Berlin-Grunewald, Berlin-Schöneweide, Berlin-Tempelhof, Brandenburg West, Halberstadt, Magdeburg, Potsdam und Stendal. Zum Bezirk der GDW Dresden zählten hingegen die Reichsbahnausbesserungswerke Chemnitz, Cottbus, Delitzsch, Dessau, Dresden, Halle (Saale), Jena, Leipzig-Engelsdorf, Meiningen und Zwickau (Sachsen). Die GDW Schwerin verwaltete lediglich die Reichsbahnausbesserungswerke Eberswalde, Rostock und Wittenberge. Erst zehn Jahre später, mit der Bildung der Hauptverwaltungen, hatten die GDW ausgedient. Fortan unterstanden die Ausbesserungswerke der in Berlin ansässigen Hauptverwaltung der Reichsbahnausbesserungswerke (HvRaw), zu deren ersten Leiter Franz Nied berufen wurde.

Im Zusammenhang mit der im Frühjahr 1947 durchgeführten Gattungsbereinigung straffte die GD der DR auch das Produktionsprofil der Ausbesserungswerke. Jedes Werk war nun für die Erhaltung einzelner Lokomotiv-Baureihen bzw. Waggon-Gattungen verantwortlich. Dadurch gelang es der Reichsbahn, die Produktivität zu steigern.

Mit der Übernahme der ehemaligen Klein- und Privatbahnen in der sowjetischen Besatzungszone durch die DR am 1. April 1949 stieg die Zahl der Ausbesserungswerke an. Die ehemaligen Hauptwerkstätten in Friedland (siehe S. 142 ff.), Gehren (siehe S. 144 ff.), Halle-Nietleben (siehe S. 146 ff.), Müncheberg (siehe S. 147 ff.), Perleberg (siehe S. 148 ff.), Stendal Ost (siehe S. 150 ff.) und Weimar Berkaer Bf (siehe S. 152 ff.)

wurden aber meist in Werkabteilungen benachbarter Reichsbahnausbesserungswerke umgewandelt. Lediglich aus der ehemaligen Blankenburger Eisenbahnbedarfs- und Maschinenfabrik GmbH (Bema) entstand das selbstständige Raw Blankenburg (Harz). Außerdem wurden Ende der 1940er-Jahre zwei weitere Werkstätten zu Reichsbahnausbesserungswerken umgewandelt. Aus der ehemaligen Werkstatt für Elektroloks in Görlitz-Schlauroth entstand ein Ausbesserungswerk für Schmalspur-Dampfloks (siehe S. 43 ff.). Aus der Kesselwagenwerkstatt der ehemaligen Wirtschaftlichen Forschungsgesellschaft mbH (Wifo) im Kohnstein bei Nordhausen entstand das Raw Niedersachswerfen (siehe S. 134 ff.).

Angesichts der begrenzten Fertigungskapazitäten der Schienenfahrzeug-Industrie der DDR, die in erster Linie für den Export produzierte, konnte die DR nur einen geringen Teil der benötigten neuen Triebfahrzeuge und Wagen beschaffen. Aus diesem Grund sah sich die Reichsbahn bereits in den 1950er-Jahren gezwungen, einzelne Ausbesserungswerke für die Modernisierung des vorhandenen Fahrzeugparks zu nutzen. Im November 1957 begann im Raw Stendal das Rekonstruktionsprogramm für die Dampflokomotiven, an dem sich dann auch die Reichsbahnausbesserungswerke Meiningen und Zwickau (Sachsen) beteiligten. Ab 1964 modernisierte das Raw Görlitz über 50 Schmalspur-Dampfloks als Generalreparatur oder Großteilerneuerung, wobei Letztere einem Neubau entsprach. Auch der Wagenpark wurde durch Rekonstruktionen und Modernisierungen verjüngt.

Doch all diese Maßnahmen genügten alsbald nicht mehr. Die DR war gezwungen, in einzelnen Ausbesserungswerken mit dem Fahrzeug-Neubau zu beginnen. Das wohl bekannteste Beispiel war das Raw Halberstadt (siehe S. 71 ff.). Das Werk war ab 1967 Alleinhersteller für Hülsenpuffer in der DDR. Seit 1965 wurden in Halberstadt die bekannten vierachsigen Reisezugwagen der Gattung Bghw gebaut, bevor hier ab 1978 die 24,5 m langen Reisezugwagen der Gattung Bmh produziert wurden. Auch zahllose Güterwagen stellte die DR in ihren eigenen Werkstätten her. Das Raw Dresden (siehe S. 95 ff.) lieferte beispielsweise zweiachsige offene Güterwagen, während das Raw Leipzig-Engelsdorf (siehe S. 101 ff.) zweiachsige gedeckte Güterwagen herstellte. Die DR baute im Laufe der Jahre unter dem Dach

Fahrzeugneubau in den Reichsbahnausbesserungswerken (Stand 01.01.1986)

Werk	Erzeugnisse
Raw Eberswalde	Güterwagen (Gattung Res)
Raw Halberstadt	Reisezugwagen (Gattungen Ame, ABme, Bme und DBmse)
	Hülsenpuffer
Raw Halle (Saale)	Drehgestelle für Weitstrecken-Reisezugwagen
Raw Leipzig-Engelsdorf	Güterwagen (Gattungen Gbs, Hbs und Z)
	Drehgestelle der Bauart Y 25
Raw Meiningen	Dampfspeicherloks (Typ FLC)
	Triebdrehgestelle für LEW Hennigsdorf
Raw Stendal	Fahrleitungsmontage- und Trommelwagen
	Güterwagen (Gattung Ks)
	Drehgestellrahmen für Reisezugwagen
	Drehgestelle der Bauart Y 25
Raw Zwickau (Sachsen)	Güterwagen (Gattung Eas)
	Großcontainer

Das ehemalige Raw Stendal blieb als »ALSTOM Lokomotiven Service GmbH« (ALS) bis heute erhalten. Mit Hilfe eines Portalkrans werden die Lokomotiven in der Richthalle umgesetzt (Aufnahme vom 15.09.2007).
Foto: St. Matto

ihres Werkstättenwesens eine eigene leistungsfähige Schienenfahrzeug-Industrie auf.
Angesichts dieser Entwicklung schuf die DR für ihr Werkstättenwesen, das seit Ende der 1960er-Jahre als »Bereich Fahrzeugausbesserung« (BFA) bezeichnet wurde, eine neue Verwaltungsstruktur. Die HvRaw wurde am 31. Dezember 1970 aufgelöst. Deren Leistungsaufgaben übernahm einen Tag später (01.01.1971) die neu gebildete Reichsbahndirektion der Ausbesserungswerke (Rbd Aw), die ihren Sitz in Berlin-Schöneweide hatte. Erster Präsident der Rbd Aw wurde Dieter Wöstenfeld, der seit 1965 Leiter der HvRaw war. Ab 1986 leitete kurzzeitig Günter Klotz die Rbd Aw, bevor er am 6. Mai 1988 in den Ruhestand verabschiedet wurde. Zu diesem Zeitpunkt waren im BFA der DR rund 36.000 Männer und Frauen beschäftigt. Vizepräsident Dieter Reißig stieg nun zum Chef der Rbd Aw auf, bevor diese am 30. September 1990 aufgelöst wurde. Zu jenem Zeitpunkt unterstanden der Rbd Aw neben 18 Reichsbahnausbesserungswerken und sieben Werkabteilungen außerdem das Kraftwagen-Ausbesserungswerk (Kaw) Greifswald, das Eisenwerk (Eaw) Arnstadt, das Ingenieurbüro für die Ausbesserungswerke (Ibr) und das Weiterbildungszentrum (WBZ) Dresden.

1. 5 Neue Strukturen

Mit der Wende in der DDR und der deutschen Wiedervereinigung änderten sich die wirtschaftlichen Rahmenbedingungen für das Werkstättenwesen der DR grundlegend. Fehlten bis zum Herbst 1989 in allen Ausbesserungswerken Arbeitskräfte und Produktionskapazitäten, änderte sich dies binnen weniger Monate grundlegend. Mit dem Zusammenbruch des Personen- und Güterverkehrs auf den Strecken der DR konnten die Werkstätten nun nicht mehr ausgelastet werden. Bereits im Sommer 1990 begann die DR damit, den Personalbestand durch übertarifliche Abfindungen und großzügige Vorruhestandsregelungen abzubauen. Die am 21. Oktober 1992 vom Vorstand der DR beschlossene »Langfristige Werkeordnung« (LWO) sah nicht nur einen weiteren Abbau von Arbeitsplätzen, sondern bis

Die Ausbesserungswerke der Deutschen Reichsbahn (Stand 30.09.1990)			
Triebfahrzeugwerke			
Werk	Kurzzeichen	Mitarbeiter	Lehrlinge
Raw Berlin-Schöneweide	Sw	1.989	160
Raw Chemnitz	Ch	2.882	364
Raw Cottbus	Cs	2.064	110
Raw Dessau	Des	1.799	87
Raw Görlitz	Gö	439	-
Raw Halle (Saale)	Hl	1.521	64
Raw Meiningen	Mei	1.595	121
Raw Stendal	Stl	2.075	115
Reisezugwagenwerke			
Werk	Kurzzeichen	Mitarbeiter	Lehrlinge
Raw Delitzsch	Del	1.663	128
WA Gotha	Go	331	-
Raw Halberstadt	Hlb	1.753	80
Raw Potsdam	Pdm	1.392	76
Raw Wittenberge	Wbg	1.793	76
WA Perleberg	Pbg	57	-
Güterwagenwerke			
Werk	Kurzzeichen	Mitarbeiter	Lehrlinge
Raw Berlin	Bln	1.186	73
Raw Dresden	Dre	1.243	71
Raw Eberswalde	Ebw	1.274	-
WA Friedland	Fr	18	-
WA Malchin	Man	255	-
Raw Leipzig-Engelsdorf	Lpz	2.059	63
WA Jena	Je	40	-
WA Niedersachswerfen	Nds	183	7
WA Quedlinburg	Qb	168	-
Raw Magdeburg	Ma	1.620	54
Raw Zwickau (Sachsen)	Zwi	2.837	108
Sonderwerke und sonstige Dienststellen			
Werk	Kurzzeichen	Mitarbeiter	Lehrlinge
Kaw Greifswald	Kaw	440	-
Eisenwerk Arnstadt	Eaw	393	-
Ingenieurbüro für Raw	Ibr	400	-
Weiterbildungszentrum Dresden	WBZ	10	-

zum Jahr 2002 auch die Schließung von Reichsbahnausbesserungswerken vor.

Mit der Gründung der Deutschen Bahn AG (DB AG) am 1. Januar 1994 hatten die in rund 70 Jahren gewachsenen und bewährten Strukturen im Werkstättenwesen ausgedient. Die DB AG fasste die Ausbesserungs- und Bahnbetriebswerke im Geschäftsbereich (GB) Werke und Traktion zusammen. Während die Betriebshöfe (Bh) nur noch für den Einsatz der Triebfahrzeuge verantwortlich waren, wurden die Ausbesserungswerke und die Werkstätten der ehemaligen Bahnbetriebswerke in Werke umgewandelt. Diese wurden dann in die Gruppen A, B oder C unterteilt. Ein A-Werk war nur für Reparaturen und Fristarbeiten zuständig. Ein B-Werk führte zusätzlich noch Revisionen aus. Bei C-Werken handelte es sich meist um ehemalige Ausbesserungswerke, die nicht nur Großreparaturen, Revisionen, Umbauten und Modernisierungen vornahmen, sondern auch Komponenten aufarbeiteten. Doch diese Struktur bestand nur wenige Monate. Bereits zum 31. Dezember 1997 wurden die Werke auf die Geschäftsbereiche Nahverkehr, Fernverkehr und Güterverkehr aufgeteilt. Die Werke, die keinem Transportbereich zugeordnet werden konnten, fasste die DB AG im GB Spezialwerke, später als »DB Spezialwerke« bezeichnet, zusammen. Doch die Werke verloren in den 1990er-Jahren immer weiter an Bedeutung. Die DB AG baute kontinuierlich Personal ab, schloss Ausbesserungswerke oder verkaufte sie an private Investoren. Auch die Strukturen und Zuständigkeiten änderten sich immer wieder. Die DB AG fasste 2001 die Werke, die für die so genannte Schwere Fahrzeuginstandhaltung, also Hauptuntersuchungen (Revisionen), größere Reparaturen (z.B. Unfallschäden) und Komponentenaufarbeitung, verantwortlich waren, in der Tochtergesellschaft »DB Fahrzeuginstandhaltung GmbH« zusammen. Diese unterstand zunächst dem Ressort Technik der DB AG. Ab 1. Januar 2004 unterstanden die noch vorhanden 13 Werke dem DB-Unternehmensbereich Dienstleistungen. Das klassische Raw gibt es heute nicht mehr. Von den einst 18 Reichsbahnausbesserungswerken der DR betreibt die DB AG im Sommer 2016 nur noch die Werke Berlin-Schöneweide, Dessau, Chemnitz, Cottbus und Wittenberge sowie das Dampflokwerk (DLW) Meiningen. Die Ausbesserungswerke Delitzsch, Eberswalde, Halberstadt, Leipzig-Engelsdorf und Stendal wurden privatisiert. Alle anderen Ausbesserungswerke und Werkabteilungen sind Geschichte.

Die Werke der Deutschen Bahn AG (Stand 01.03.2000)

Geschäftsbereich	Werk
DB Reise & Touristik	Neumünster
	Nürnberg Süd
	München-Neuaubing
DB Regio	Bremen
	Delitzsch
	Dessau
	Kassel
	Krefeld
	Stendal
	Wittenberge
DB Cargo	Chemnitz
	Cottbus
	Darmstadt
	Eberswalde
	Fulda
	Kaiserslautern
	Leipzig-Engelsdorf
	Opladen
	Paderborn
	Zwickau
DB Spezialwerke	Eisengießerei Arnstadt
	FEW Blankenburg
	Gleisbaumechanik Brandenburg
	Stahlbau Dessau
	Fahrzeugausrüstung Greifswald
	Maschinenbau Glückstadt
	Fahrzeugbau Halberstadt
	Dampflokwerk Meiningen
	Fernmeldewerk München-Aubing
	Stahlbau Vacha

2. Ausbesserungswerke für Triebfahrzeuge

2.1 Das Raw Berlin-Schöneweide

Mit der Elektrifizierung der Berliner S-Bahn in den 1920er-Jahren benötigte die Deutsche Reichsbahn-Gesellschaft (DRG) für ihre neuen Gleichstrom-Triebwagen eine leistungsfähige Hauptwerkstatt. Die bisher eingesetzten Fahrzeuge der Dampf-S-Bahn und die Elektrotriebwagen (ET) der Lichterfelder Vorortbahn wurden im Reichsbahnausbesserungswerk (RAW) Tempelhof unterhalten. Im Hinblick auf die geplante Beschaffung der Baureihen ET 165 (ab 1927), ET 168 (ab 1926) und ET 169 (ab 1925) erwog die DRG einen Um- und Ausbau des RAW Tempelhof. Doch angesichts der hohen Kosten und der fertigungstechnologischen Nachteile entschied sich die DRG für einen Neubau. Die Vorarbeiten dazu begannen 1921 unter der Federführung des Dezernats 67 der Reichsbahndirektion (RBD) Berlin. Als Vorbild diente den Ingenieuren der DRG die im Jahr 1912 eröffnete Hauptwerkstatt der Hamburger Hochbahn in Hamburg-Barmbek. Zunächst wurden verschiedene Varianten erörtert, bevor sich ab Mitte 1922 die Arbeiten auf den so genannten Entwurf E konzentrierten. Dieser sah quer nebeneinander liegende Reparaturstände mit Brückenkränen vor. Im Juli 1923 stimmte das Reichsverkehrsministerium (RVM) den Vorschlägen der RBD Berlin zu, die umgehend mit der Feinplanung begann. Die Werkhalle und die Nebengebäude entwarf der Hochbau-Dezernent der RBD Berlin, Regierungsbaumeister Fritz Hane, im Stil der »Neuen Sachlichkeit«. Die Pläne sahen auf dem rund 30.000 m^2 großen Areal eine ca. 20.000 m^2 umfassende Werkstatt vor.

Bei der Suche nach einem geeigneten Standort entschied sich die DRG für ein Grundstück in Berlin-Niederschöneweide, das am 13. November 1924 erworben wurde. Fast zwei Jahre später, am 25. August 1926, begannen die Bauarbeiten für das neue RAW Niederschöneweide. Bis zum November 1926 konnten die Fundamente fertiggestellt werden, für die rund 3.200 m^3 Beton verbaut wurden. Im Dezember 1926

Das Raw Stendal gehörte 1970 mit einem Erhaltungsbestand von über 1.150 Triebfahrzeugen zu den wichtigsten Ausbesserungswerken der DR. 50 3506 wartete am 19. April 1976 im Raw Stendal auf ihre Abnahmefahrt.
Foto: Stanek, Slg. G. Schütze

wurden die ersten der insgesamt rund 3.000 Stahlträger für die Hallenkonstruktion aufgestellt. Anschließend folgte der Innenausbau, der die meiste Zeit in Anspruch nahm. Nach nur 14 Monaten Bauzeit nahm die DRG das RAW Niederschöneweide am 15. Oktober 1927 offiziell in Betrieb. Insgesamt investierte die DRG rund 11,3 Millionen Reichsmark (RM) in das Werk. Davon entfielen etwa 3,5 Millionen RM auf die Werkstattausrüstung.

Zunächst waren nur 80 Eisenbahner im RAW Niederschöneweide beschäftigt, die meist aus dem RAW Tempelhof stammten. Die RBD Berlin richtete für die Beschäftigten einen eigenen Haltepunkt, den heutigen Betriebsbahnhof Berlin-Schöneweide, ein, wo ab 17. November 1927 einzelne Züge bei Schichtbeginn bzw. -ende hielten. Zunächst war das RAW Niederschöneweide nur für die Unterhaltung der Baureihe ET 169 zuständig. Ab Dezember 1927 wurden hier auch die Fahrzeuge der Baureihe ET 165, die später umgangssprachlich als »Stadtbahner« bezeichnet wurden, komplettiert. Den Einbau der elektrischen Ausrüstung übernahmen Beschäftigte der Allgemeinen Elektrizitäts-Gesellschaft (AEG) und der Firma Siemens. Dabei bildete die DRG weitere Eisenbahner für die Erhaltung der Elektrotriebwagen aus. Bis Ende der 1920er-Jahre stieg die Zahl der Beschäftigten im RAW Niederschöneweide auf rund 200 an, die für die Erhaltung von rund 1.000 S-Bahn-Wagen verantwortlich waren. Dank einer perfekt ausgearbeiteten Fertigungstechnologie und den entsprechend abgestimmten

Die Triebwagen der Berliner S-Bahn wurden ab 1927 im Raw Berlin-Schöneweide unterhalten. Im Sommer 1964 war eine S-Bahn in der Nähe des Bahnhofs Berlin Warschauer Straße unterwegs. Im Hintergrund sind die Hallen des Raw Berlin Warschauer Straße zu sehen (siehe S. 92 ff.), das u.a. für die Instandsetzung von Kühlwagen verantwortlich war. *Foto: Slg. D. Endisch*

baulichen Anlagen konnten die Ingenieure der DRG mit dem RAW Niederschöneweide ein hoch effektives Werk schaffen. Die Hauptuntersuchung eines Elektrotriebwagens dauerte planmäßig nur sechs Arbeitstage.

Mit dem Ausbau des Streckennetzes und des Fahrzeugparks der Berliner S-Bahn musste auch das RAW Niederschöneweide vergrößert werden. Die DRG erweiterte das Werk in den Jahren 1930/31 auf eine bebaute Fläche von insgesamt rund 48.000 m^2. Damit hatte das RAW Niederschöneweide jedoch seine Kapazitätsgrenze erreicht. Aus diesem Grund entstand im Westen Berlins, in Falkensee, ein zweites S-Bahn-RAW, das jedoch nicht fertiggestellt werden konnte. Nach dem Beginn des Zweiten Weltkriegs musste die Deutsche Reichsbahn (DRB) die Bauarbeiten für das RAW Falkensee beenden. Die vorhandenen Gebäude übernahm die Deutsche Maschinenbau-AG (Demag), die hier eine Panzerfertigung aufbaute.

Damit blieb das RAW Schöneweide, wie die Dienststelle seit 1929 genannte wurde, das einzige Ausbesserungswerk für Fahrzeuge der Berliner S-Bahn. Als am 16. April 1945 die Schlacht um Berlin begann, mussten die Arbeiten eingestellt werden. Zahlreiche Eisenbahner wurden noch zum Militär eingezogen. Am 24. April 1945 besetzten schließlich Truppen der 1. Weißrussischen Front das Werksgelände, das einem Trümmerfeld glich.

Nur langsam gelang es der Deutschen Reichsbahn (DR) in der sowjetischen Besatzungszone, die Fahrzeuginstandhaltung im Raw Berlin-Schöneweide wieder aufzunehmen. Es fehlten Werkzeuge und vor allem Personal. Zahlreiche Eisenbahner waren bei den Kämpfen um Berlin gefallen oder in sowjetische Kriegsgefangenschaft geraten. Außerdem hatten die Sowjets nach Kriegsende zahlreiche leitende Beamte verhaftet, was den Wiederaufbau des Werkes und die Instandsetzung der dringend benötigten S-Bahn-Fahrzeuge erheblich erschwerte.
Ab 1949 musste das Raw Berlin-Schöneweide zusätzliche Aufgaben übernehmen. Da die Berliner Verkehrs-Gesellschaft (BVG Ost) ab 1949 keine Hauptwerkstatt für die im Ostteil Berlins eingesetzten U-Bahn-Wagen besaß, erfolgten die Hauptuntersuchungen fortan im S-Bahn-Raw. Dieses war ab 1950 auch für die Unterhaltung der Fahrzeuge der ehemaligen Buckower Kleinbahn (Strecke Müncheberg–Buckow) verantwortlich. Ab 1954 führte das Raw Berlin-Schöneweide auch die Hauptuntersuchungen an den Wagen der Berliner Straßenbahn aus. 1959 begann im Werk die Modernisierung der Straßenbahnwagen der Typen T 24 und TD 07/24. Es entstanden die so genannten Reko-Wagen der Typen TE 59/BE 59.
Wichtigste Aufgabe des Raw Berlin-Schöneweide blieb aber die Erhaltung der Fahrzeuge der Berliner S-Bahn, die ab 1958 schrittweise erneuert wurden. Nicht mehr zur Aufarbeitung geeignete bzw. ausgemusterte Exemplare der Baureihen ET 165, ET 168 und ET 169 wurden ab 1964 zu U-Bahnen des Typs E III (Großraumprofil) für die Berliner Verkehrsbetriebe (BVB) umgebaut. Auch für andere Nahverkehrsbetriebe in der DDR besaß das Raw Berlin-Schöneweide eine große Bedeutung, da hier 1969 die Generalreparaturen für die Straßenbahnwagen der Typen ET 50/EB 50 und T 57/B 57 begann. Ab 1970 entstanden hier die Reko-Wagen, von denen bis 1975 insgesamt 510 Exemplare für die Straßenbahnen in Dessau, Erfurt, Frankfurt (Oder), Görlitz, Halberstadt, Jena, Leipzig, Magdeburg, Rostock, Schöneiche, Schwerin und Zwickau (Sachsen) das Werk verließen. Außerdem modernisierte das Raw Berlin-Schöneweide die Wagen der Oberweißbacher Bergbahn.
Bereits 1962 hatte das Werk mit dem Bau der so genannten Schweren Kleinwagen (SKL) des Typs »SKL 24« begonnen. Bis 1968 verließen insgesamt 655 Exemplare dieser auch als »Typ Schöneweide« bezeichneten Rottenkraftwagen das Werk. Außerdem wurden im Raw Berlin-Schöneweide bis 1968 insgesamt 874 Anhänger gebaut. 1972 verlagerte die DR die SKL-Fertigung zum Werk für Gleisbaumechanik in Brandenburg-Kirchmöser. Aufgrund dieser zahlreichen Fremdaufträge standen nur noch 40 % der Produktionskapazität des Werkes, das ab 30. April 1975 offiziell als Raw »Roman Chwalek« Berlin-Schöneweide (zu Roman Chwalek siehe Kasten S. 26) bezeichnet wurde, für die Erhaltung der Fahrzeuge der Berliner S-Bahn zur Verfügung. Neben diesen Wagen oblag dem Werk außerdem seit dem 1. Juli 1968 die Unterhaltung der zweiachsigen Beiwagen der Baureihe VB 140 und der vierachsigen Steuerwagen der Baureihe VS 145. Ab 1. Juli 1969 wurden auch die vierachsigen Beiwagen der Baureihe VB 147 in Schöneweide ausgebessert. 1981 strich die DR jedoch die Bei- und Steuerwagen aus dem Erhaltungsbestand.
In den 1980er-Jahren beauftragte die DR das Raw Berlin-Schöneweide mit der Endmontage der in der Hochschule für Verkehrswesen (HfV) in Dresden entwickelten computergesteuerten Fahrkarten-Schalterdrucker des Typs MSD und der Fahrkartenautomaten des Typs MFA. Diese wurden hier auch mit der erforderlichen Software ausgerüstet und die für die Berechnung der Fahrpreise notwendigen Daten aufgespielt. Damit waren Ende der 1980er-Jahre die Kapazitäten des Werkes ausgelastet.
Doch dies änderte sich in den Jahren 1989/90 schlagartig. Um einen Teil der Leistungseinbußen auszugleichen, übernahm das Raw Berlin-Schöneweide die Unterhaltung der von der BVG im Westteil Berlins eingesetzten S-Bahn-Wagen, deren erstes Exemplar am 6. September 1991 das Werk erreichte. Doch damit konnte das Ende der Unterhaltung der Straßenbahnen (1992) und der U-Bahn-Wagen (1994) nur bedingt

Roman Chwalek

Roman Chwalek wurde am 24. Juli 1898 als Sohn eines Stationsvorstehers in Woinowitz (Oberschlesien) geboren. Nach seiner Schlosserlehre diente er von 1915 bis 1918 im deutschen Heer, bevor er ab 1919 im späteren RAW Oppeln arbeitete. Hier wurde er 1922 zum Betriebsratsvorsitzenden gewählt. Chwalek, seit 1920 Mitglied der Kommunistischen Partei Deutschlands (KPD), gehörte ab 1927 zum Gesamtbetriebsrat der DRG und war ab 1933 Mitglied des Reichstages. Der Volksgerichtshof verurteilte Chwalek im August 1934 zu drei Jahren Zuchthaus. Von 1937 bis 1939 war er im Konzentrationslager (KZ) Sachsenhausen inhaftiert. Anschließend arbeitete er bis 1945 als Schlosser. Nach dem Zweiten Weltkrieg zählte er in Berlin zu den Gründungsmitgliedern des Freien Deutschen Gewerkschaftsbundes (FDGB), der ihn zum ersten Vorsitzenden des FDGB-Bezirks Berlin wählte. Roman Chwalek trat 1946 der Sozialistischen Einheitspartei Deutschlands (SED) bei und wurde 1949 Vorsitzender der Industriegewerkschaft (IG) Eisenbahn. Im November 1950 wurde er zum Minister für Arbeit berufen, bevor er ab 1. Mai 1953 das Ministerium für Eisenbahnwesen (MfE) leitete. Nach seiner Abberufung am 26. November 1954 war er bis 1968 im Vorstand des Verbandes Deutscher Konsumgenossenschaften tätig. Chwalek starb am 27. November 1974 in Berlin.

kompensiert werden. Der von der DR 1990 eingeleitete Personalabbau wurde nach der Umwandlung des Raw Berlin-Schöneweide in das Werk Berlin-Schöneweide (01.01.1994) durch die Deutsche Bahn AG (DB AG) weitergeführt. Am 1. Januar 1995 übernahm die neugegründete S-Bahn Berlin GmbH, eine 100-prozentige Tochter der DB AG, das Werk, das 1998 nur noch rund 920 Mitarbeiter hatte. Trotz aller Investitionen – 1998 wurde in Schöneweide ein Fahrsimulator für die modernen Triebwagen der Berliner S-Bahn in Betrieb genommen – stand nach der Jahrtausendwende mehrmals die Schließung der Werkstatt zur Debatte. Die im Jahr 2010 seitens der S-Bahn Berlin GmbH abgegebene Bestandsgarantie für das ehemalige Raw Berlin-Schöneweide läuft im Jahr 2017 aus.

2.2 Das Raw Chemnitz

Das Raw Chemnitz war in Bezug auf die Anzahl der Beschäftigten das größte Ausbesserungswerk der DR. Die Ursprünge der Dienststelle reichen zurück bis in das Jahr 1852, als in Chemnitz die erste Lok- und Wagenwerkstatt ihrer Bestimmung übergeben wurde. Mit dem Ausbau ihres Streckennetzes mussten die Königlich Sächsischen Staatseisenbahnen (K.Sächs. Sts.E.) auch ihre Werkstattkapazitäten entsprechend vergrößern. 1869 beschlossen die K.Sächs.Sts.E. schließlich, in Chemnitz eine neue, zentrale Hauptwerkstatt zu errichten. Nur wenig später begannen auf einem rund 14 Hektar großen Areal rund 1,8 km nördlich des Hauptbahnhofs zwischen den Strecken nach Dresden und Riesa die Bauarbeiten. Kernstücke der Anlage waren eine Personen- und eine Güterwagenwerkstatt mit Tischlerei und Stellmacherei sowie eine Lokwerkstatt mit 32 Arbeitsständen. Zur Lokwerkstatt gehörten außerdem eine Dreherei, eine Schlosserei, eine Schmiede (32 Schmiedefeuer) mit angeschlossener Radreifenschmiede sowie eine Rohr- und Kupferwerkstatt. Außerdem entstanden bis Ende 1873 auf dem Gelände der Hauptwerkstatt Chemnitz eine Lackiererei,

Das Raw Berlin-Schöneweide modernisierte ab 1965 die S-Bahn-Triebwagen der Baureihe ET 167, die die DR ab 1970 als Baureihe 277 bezeichnete. Insgesamt 204 Reko-Züge verließen die Werkhallen.

Foto: R. Kutschke

ein Verwaltungsgebäude sowie eine Gasanstalt für die Lichtversorgung, die später zu einer Klempnerwerkstatt umgebaut wurde. Rund 1,255 Millionen Taler hatten die K.Sächs.Sts.E. in die moderne Hauptwerkstatt investiert. Die Bauten waren so konzipiert, dass sie ohne größere Probleme erweitert werden konnten. Bis 1897 wuchs die Fläche der Hauptwerkstatt Chemnitz, die rund 3.780 Beschäftigte zählte, auf mehr als 235.000 m^2. Anschließend wurde das Werksgelände kaum noch erweitert. Stattdessen bauten die K.Sächs.Sts.E. die Hauptwerkstätten in Dresden, Leipzig-Engelsdorf und Zwickau (Sachsen) aus.

In Chemnitz wurden aber nicht nur regel- und schmalspurige Lokomotiven sowie Personen- und Güterwagen instand gesetzt. Die Hauptwerkstatt besaß auch eine Abteilung für die Instandsetzung von Weichen. Außerdem wurden in Chemnitz bis 1897 auch 194 Güterwagen, 68 Personenwagen und 36 Tender gebaut.

Nach der Übernahme des Werkes durch die Reichsbahn wurde die Fertigung im RAW Chemnitz gestrafft. Der seitens der DRG geplante Ausbau des Werkes konnte jedoch aufgrund fehlender finanzieller Mittel nicht umgesetzt werden. Lediglich die alte Lokhalle 2 wurde abgerissen. Es entstand die neue Lokrichthalle 1, die insgesamt 18 Maschinen mit einer Länge von jeweils bis zu 20 m Platz bot. Damit konnten im RAW Chemnitz nun auch die modernen Einheitslokomotiven der DRG aufgearbeitet werden. 1930 begann in Chemnitz auch die Instandsetzung von Kraftfahrzeugen. Die so genannte Kraftwagenabteilung war zunächst in der Lokhalle 2 untergebracht, bevor die Lastkraftwagen und Omnibusse ab 1935 in der Halle 61 unterhalten wurden.

Mit dem Einsetzen der Weltwirtschaftskrise im Herbst 1929 war die für das RAW Chemnitz zuständige Geschäftsführende Direktionen für das Werkstättenwesen (GDW) in Dresden gezwungen, die Belegschaft deutlich zu verringern. Im Sommer 1932 zählte das RAW Chemnitz nur noch rund 1.400 Beschäftigte. Erst 1934 wendete sich das Blatt. Seit 1931 war das Werk für die Unterhaltung aller schmalspurigen Personen- und Güterwagen der RBD Dresden verantwortlich. 1938 übernahm das RAW Chemnitz die bisher im RAW Dresden unterhaltenen Dampfloks. Während des Zweiten Weltkrieges erreichte das Werk seine Kapazitätsgrenze. Um die Lücken in der Stammbelegschaft zu schließen, wurden ab 1941 Kriegsgefangene und Zwangsarbeiter beschäftigt, für die ein Barackenlager auf dem Werksgelände errichtet wurde. Bei den schweren Luftangriffen auf Chemnitz wurden am 5. März 1945 rund 75 % des Werkes zerstört.

Erst im Juli 1945 nahmen die Eisenbahner wieder ihre Arbeit auf. Zunächst bauten sie nur die leicht zerstörten Werkteile auf. Um Platz für die Lokreparatur zu schaffen, erfolgte die Aufarbeitung der Radsätze zeitweilig im

Die Anfänge des Raw Chemnitz reichen zurück bis in das Jahr 1852. Die Hauptwerkstatt der K.Sächs.Sts.E. befand sich 1,8 km nördlich des Hauptbahnhofs zwischen den Strecken nach Dresden und Riesa (Aufnahme vom 04.06.1990). Foto: R. Heym, Slg. G. Schütze

Das Raw Chemnitz – ab 10. Mai 1953 »Raw Karl-Marx-Stadt« – war bis zum 31. Dezember 1963 für die Erhaltung der Schnellzugdampfloks der Baureihe 03 verantwortlich. 03 028 war Anfang der 1960er-Jahre mit einem aus sowjetischen Weitstreckenwagen gebildeten Zug bei Berlin unterwegs.
Foto: Slg. D. Endisch

Raw Zwickau (Sachsen). Die Weichenschlosser mussten hingegen unter freiem Himmel arbeiten. Der Aufbau des Raw Chemnitz ging nur langsam voran. Ende 1946 waren erst rund die Hälfte der Schäden beseitigt. Zu diesem Zeitpunkt zählte das Werk über 4.500 Beschäftigte. Die Reichsbahn hatte im Frühjahr 1945 zahlreiche Eisenbahner aus dem RAW Oels nach Chemnitz evakuiert, die sich nun in Sachsen eine neue Existenz aufbauten.
Im Zuge der im Frühjahr 1947 durchgeführten Gattungsbereinigung änderten sich die Aufgaben für das Raw Chemnitz. Zum Erhaltungsbestand des Werkes gehörten nun neben den ehemals sächsischen Dampfloks der Baureihen 38.2–3, 75.5, 89.2, 94.20 und 98.0 auch die Schnellzugmaschinen der Baureihen 03 und 03.10 sowie die Güterzugloks der Baureihe 41. Zeitweilig war das Raw Chemnitz auch für die Unterhaltung der Baureihe 43 (1950–1953) zuständig. Die Kraftfahrzeug-Abteilung wurde hingegen 1950 geschlossen. Im Gegenzug übernahm das Werk zum 1. Oktober 1950 die Erhaltung aller Schmalspurwagen mit 1.000 mm Spurweite (ohne die Fahrzeuge der Rbd Greifswald).
Am 9. Juni 1951 erhielt das Ausbesserungswerk den Namen »Wilhelm Pieck« (siehe Kasten S. 30). Ab 10. Mai 1953 hieß Chemnitz »Karl-Marx-Stadt«, so dass das Werk nun offiziell als »Raw ‚Wilhelm Pieck' Karl-Marx-Stadt« bezeichnet wurde. Im Gegensatz zu den meisten anderen Triebfahrzeugwerken war das Raw Karl-Marx-Stadt in den 1950er- und 1960er-Jahren noch ein so genanntes Gemischtwerk. Die Unterhaltung der regelspurigen Personenwagen endete zwar 1954, doch bis zum 31. Dezember 1966 wurden hier noch Schmalspurwagen betreut. Etwa zeitgleich endete die Instandsetzung der Weichen.
Als im Frühjahr 1959 die Rekonstruktion der Baureihe 41 im Raw Karl-Marx-Stadt begann, waren die Tage der Dampflokausbesserung schon gezählt. Bereits 1958 hatte die Hauptverwaltung der Reichsbahnausbesserungswerke (HvRaw) beschlossen, das Raw Karl-Marx-Stadt auf die Erhaltung moderner Diesellokomotiven umzustellen. Diese Ära begann am 1. April 1960 mit der Fertigstellung der V 36 024. Neben der Baureihe V 36 waren die Rangiermaschinen der Baureihen V 15.10/V 15.20 und V 60.10 die ersten Dieselloks, die im Raw Karl-Marx-Stadt aufgearbeitet wurden. 1964 traf schließlich das erste Exemplar der Baureihe V 180 im Werk ein. Als letzte Dampflok verließ 94 2106 am 21. Dezember 1964 das Raw Karl-Marx-Stadt, das zu diesem Zeitpunkt rund 3.000 Mitarbeiter zählte.
In die Neuausrichtung des Werkes investierte die DR in den 1960er-Jahren rund 100 Millionen Mark. Für die Instandhaltung der Baureihe V 180 wurde die Lokrichthalle 1 entsprechend umgebaut. Bereits 1965 konnten die Eisenbahner pro Monat durchschnittlich 41 Dieselloks aufarbeiten. In der ehemaligen Kesselschmiede wurden jetzt Dieselloks der Baureihen V 60.10/V 60.12 instand gesetzt. Die Radsatzwerkstatt wurde in eine moderne Motorenwerkstatt umgewandelt und die alte Lokhalle 3 fungierte nun als Getriebewerkstatt. Für die Endkontrolle der Motoren und Getriebe ließ die DR

Wilhelm Pieck

Wilhelm Pieck, der einzige Präsident der DDR, wurde am 3. Januar 1876 in Guben geboren. Während seiner Wanderschaft als Tischlergeselle trat er 1894 dem Deutschen Holzarbeiterverband und 1895 der Sozialdemokratischen Partei Deutschlands (SPD) bei. Ab 1906 leitete er als Erster Sekretär die SPD in Bremen, bevor er 1910 in den zentralen Bildungsausschuss der SPD berufen wurde. Während des Ersten Weltkrieges zählte Pieck zu den Gegnern der so genannten Burgfriedenspolitik der SPD. Auch nach seiner Einberufung zum Militär agitierte er gegen den Krieg. Er floh 1917 vor einem Kriegsgerichtsprozess und tauchte zunächst in Berlin und später in Amsterdam unter. Erst Ende 1918 kehrte er zurück und gehörte zu den Gründungsmitgliedern der KPD. Wilhelm Pieck wurde am 15. Januar 1919 gemeinsam mit Rosa Luxemburg und Karl Liebknecht verhaftet, konnte aber fliehen. Die KPD wählte ihn 1921 in das Exekutivkomitee der Kommunistischen Internationalen. Außerdem wurde er Mitglied des Preußischen Landtages, bevor er ab 1928 für die KPD im Reichstag saß. Nach der Machtübernahme der Nationalsozialisten ging Wilhelm Pieck im Mai 1933 ins Exil, zunächst nach Paris, später dann nach Moskau. 1935 wurde er zum Parteivorsitzenden für die Zeit der Inhaftierung Ernst Thälmanns (siehe S. 52) gewählt. Am 1. Juli 1945 kehrte er nach Berlin zurück. Dort forcierte er den zwangsweisen Zusammenschluss von SPD und KPD zur SED (21. und 22.04.1946), zu deren ersten Vorsitzenden er gemeinsam mit Otto Grotewohl (siehe S. 43) gewählt wurde. Nach der Gründung der DDR (07.10.1949) wählten die Provisorische Volkskammer und die Provisorische Länderkammer Wilhelm Pieck am 11. Oktober 1949 zum Präsidenten der DDR. Dies blieb er bis zu seinem Tod am 7. September 1960. Das Amt des Präsidenten wurde anschließend durch den Staatsrat der DDR ersetzt.

für rund 12 Millionen Mark ein Prüffeld errichten, mit dessen Hilfe die Aggregate in verschiedenen Betriebszuständen getestet werden konnten. Der Versuchsstand galt bei seiner Inbetriebnahme am 2. Januar 1968 als der modernste seiner Art in Europa.

Mit dem fortschreitenden Traktionswechsel und der Beschaffung neuer Dieseltriebfahrzeuge erreichte das Raw Karl-Marx-Stadt alsbald seine Leistungsgrenze. Aus diesem Grund verlagerte die HvRaw 1966 die Unterhaltung der Baureihe V 36 zum Raw Halle (Saale). Dieses übernahm am 30. Juni 1968 auch die Baureihen V 15.10/V 15.20 und V 23.0. Bereits ab 1. Januar 1968 zeichnete das Raw Cottbus für die Instandhaltung der Baureihe V 100 verantwortlich. Damit gehörten nur noch die späteren Baureihen 105/106.2–9, 106.0–1 und 118 zum Erhaltungsbestand des Raw Karl-Marx-Stadt, das ab Mitte der 1970er-Jahre für mehr als 1.500 Maschinen zuständig war. Neben den Reichsbahn-Loks arbeitete das Werk auch Fahrzeuge verschiedener Industrie- und Anschlussbahnen sowie die in die CSSR exportierten Dieselloks des Typs V 60 D auf. Um die vorgegebenen Planzahlen erreichen zu können, mussten die Durchlaufzeiten verkürzt werden. Aus diesem Grund führte die Werkleitung am 1. Juli 1970 den Dreischichtbetrieb ein. Vor allem die Nachtschichten sorgten bei den betroffenen Eisenbahnern für Verärgerung. Doch die Proteste blieben erfolglos.

Das Raw Karl-Marx-Stadt setzte aber nicht nur Dieseltriebfahrzeuge instand. Das Werk war auch über viele Jahre hinweg für die Produktion und Aufarbeitung der Hemmschuhe verantwortlich. Ab 1980 gehörten auch Dieselloks der Baureihe 119 zum alltäglichen Bild in der Richthalle. Anfang der 1980er-Jahre musste das Raw Karl-Marx-Stadt außerdem Zementbehälterwagen

Die Dieselloks der Baureihe 118 wurden ausschließlich im Raw Karl-Marx-Stadt unterhalten. Im Februar 1990 weilte 118 675 (Bw Blankenburg) zu einer Instandsetzung im Raw Karl-Marx-Stadt.

Foto: R. Glombik, Slg. F. Köhler

reparieren. Bereits im Juni 1983 verließ der 1.000ste aufgearbeitete Wagen das Werk.

Der Zusammenbruch des Personen- und Güterverkehrs auf den Strecken der DR hatte auch für das traditionsreiche Ausbesserungswerk, das ab 1. Juni 1990 wieder als »Raw Chemnitz« bezeichnet wurde, erhebliche Folgen. Nach über 30 Jahren endete am 11. August 1994 mit der Abnahme der 228 749 die Instandhaltung der Großdieselloks der Baureihe V 180. Aber auch die Streckendieselloks der Baureihen 219 (ex Baureihe 119) und 229 sowie die Rangierloks der Baureihen 344, 345 (ex Baureihe 105) und 346.2–9 (ex Baureihe 106.2–9) verloren immer mehr an Bedeutung. Um die Werkstattkapazitäten auszulasten, gab die Deutsche Bundesbahn (DB) bereits 1991 die Unterhaltung ihrer Kleinloks und Container vom Ausbesserungswerk (Aw) Bremen zum Raw Chemnitz ab. Als erste DB-Lok wurde 323 083 am 19. September 1991 fertiggestellt. 1992 folgten die Kleinloks der Baureihen 331 bis 335, bevor ab 1993 auch die Maschinen der Baureihen 360 bis 365 in Chemnitz betreut wurden. Später war das Werk Chemnitz auch für die Baureihen 290/291 und 294/295 zuständig. Trotz all dieser Maßnahmen wurde der Personalbestand des Werkes immer weiter verringert. 1995 waren nur noch 1.500 Männer und Frauen im Werk Chemnitz beschäftigt. Mit dem Ausscheiden der Baureihen 219, 229, 344, 345 und 346.2–9 aus dem Betriebspark verlor das Werk, das ab 1998 zur späteren DB Cargo AG gehörte, den größten Teil seiner Aufgaben. Im Frühjahr 2004 beendete DB Cargo offiziell die Fahrzeugunterhaltung in Chemnitz.

2.2 Das Raw Chemnitz

Die Werklokomotiven des Raw Chemnitz

Betriebs-Nr.	Bauart	Hersteller	Baujahr	Fabrik-Nr.	DR-Nr.	Bemerkungen
?	Cn2t	Hartmann	1884	1.379	-	ab 1923; ++ 1926
?	B-dm	BMAG	1930	9.771	ex Kb 4002	ab 05.04.1935; + 1960
ASF 1	Bo-a	LEW Hennigsdorf	1968	11.536	-	Typ EL 16; ex DR ASF 23; ab 1980
ASF 2	Bo-a	LEW Hennigsdorf	1974	14.282	-	Typ EL 16; ex DR ASF 82; ab 1980
WL 1	Bn2t	Hartmann	1891	1.746	ex 98 7070	ab 1929; + 1945
WL 1 ^{II}	Bn2t	Henschel	1936	22.993	-	an Zementwerk Riga geliefert; ab 1946; + 1962; ++ 1964
WL 1 ^{III}	D-dh	LKM Babelsberg	1961	256.006	ex V 60 1006	ab 1964; 1974 an DR
WL 1 ^{IV}	B-dh	LKM Babelsberg	1968	262.102	ex 102 053-6	Typ V 22 B; ab 30.01.1974; 1984 Umbau zu ASF 02
WL 1 ^{V}	B-dh	LKM Babelsberg	1961	261.065	-	Typ V 18 B; an VEB Heizkraftwerk Karl-Marx-Stadt (WL 2) geliefert; ab 01.02.1985; 1997 abgestellt; 1997 an SEM Chemnitz-Hilbersdorf (V 15 2065)
WL 2	Bn2t	Hartmann	1891	1.745	ex 98 7069	ab 1931; + 1945
WL 2 ^{II}	Cn2t	Hartmann	1901	2.693	ex 89 250	ab 25.01.1951; + 1958
WL 2 ^{III}	Cn2t	Hartmann	1897	2.228	ex 89 211	ab 10.08.1959; + 1966
WL 2 ^{IV}	D-dh	LKM Babelsberg	1961	270.050	ex V 60 1050	ab 1965; am 01.01.1972 an VEB Industrie- und Hafenbahn Schwerin
WL 2 ^{V}	B-dh	LKM Babelsberg	1969	262.023	-	Typ V 22 B; an VEB Industrie- und Hafenbahn Schwerin geliefert; ab 01.04.1972; 1997 an SEM Chemnitz-Hilbersdorf
WL 3	Cn2t	Hartmann	1898	2.349	ex 89 231	ab 27.11.1953; + 1958
WL 3 ^{II}	Cn2t	Hartmann	1897	2.232	ex 89 215	ab 16.08.1959; + 1967
WL 3 ^{III}	B-dh	LKM Babelsberg	1959	253.021	ex V 15 1020	ab 07.05.1965; 1972 an Raw Wittenberge
WL 3 ^{IV}	B-dh	LKM Babelsberg	1969	262.196	-	Typ V 22 B; an VEB Industrie- und Hafenbahn Schwerin geliefert; ab 07.03.1973; 1998 an SEM Chemnitz-Hilbersdorf (102 003-1II)
WL 4	Cn2t	Hartmann	1901	2.710	ex 89 267	ab 31.01.1951; + 1953
WL 4 ^{II}	Cn2t	Linke-Hofmann	1922	2.547	ex 89 7570	an Limburgsche Tramweg (Niederlande) geliefert; ab 04.05.1954; + 1966

WL 4^{III}	B-dh	LKM Babelsberg	1961	254.020	ex V 15 2020	Typ V 15 B; ab 28.07.1964; 1970 an DR
WL 4^{IV}	B-dh	LKM Babelsberg	1969	262.071	ex 102 037-9	Typ V 22 B; ab 26.10.1970; 1998 an SEM Chemnitz-Hilbersdorf; 2001 an Röbel-Müritz-Eisenbahn GmbH; später an WISAG Brieske
WL 5	B-dh	LKM Babelsberg	1959	253.015	ex V 15 1014	Typ V 15 B; ab 15.03.1963; 1974 an DR
WL 5^{II}	B-dh	LKM Babelsberg	1968	262.095	ex 102 046-0	Typ V 22 B; ab 25.06.1974; 1998 an SEM Chemnitz-Hilbersdorf; 2001 an Röbel-Müritz-Eisenbahn GmbH (Lok 5)
WL 6	B-dh	LKM Babelsberg	1961	261.051	ex V 15 2051	Typ 18 B; ab 05.06.1964; am 25.10.1978 an DR

Nur noch ein kleiner Teil des ehemaligen Raw Chemnitz wird heute von der DB AG genutzt. Seit 2002/03 werden hier die Triebwagen der DB-Tochter »Erzgebirgsbahn« unterhalten. Im ehemaligen Lokwaage-Schuppen stellt die Regio Infra Service Sachsen GmbH (RISS) ihre Fahrzeuge ab. Die meisten der nicht mehr genutzten Gebäude und Anlagen wurden abgerissen und die Flächen anschließend in einen Gewerbepark umgewandelt. Letzter Rest des ehemaligen Reichsbahnausbesserungswerkes ist das »Instandhaltungszentrum Getriebe Chemnitz« (IZG) der DB AG. Dort arbeiten derzeit noch rund 150 Mitarbeiter in erster Linie Getriebe und Dieselmotoren auf.

2.3 Das Raw Cottbus

Das Raw Cottbus kann auf eine bewegte Historie zurückblicken. 1874 ersetzte die Berlin-Görlitzer Eisenbahn-Gesellschaft (BGE) ihre alte Remise durch eine neue Hauptwerkstatt, in der zunächst 70 Eisenbahner beschäftigt waren. Die Preußische Staatsbahn, die am 1. Mai 1882 die Betriebsführung auf den Strecken der BGE übernommen hatte, begann 1884 mit dem schrittweisen Ausbau der Hauptwerkstatt (HW) Cottbus. Neben den Wagenhallen entstanden u.a. eine neue Lokrichthalle und eine Kesselschmiede. Während des Ersten Weltkrieges setzten die Beschäftigten der HW Cottbus meist Güterwagen instand oder bauten diese für militärische Zwecke (z.B. Lazarettwagen) um. Erst ab 1920 gewann die Lokausbesserung an Bedeutung. Neben Güterwagen wurden nun vor allem Maschinen der Baureihen 17.0–1, 17.2, 38.10–40, 55.16–22, 55.25–56, 56.20–29, 78.0–5, 94.5–10, 94.2–4 und 94.5–17 im RAW Cottbus aufgearbeitet. Während der Weltwirtschaftskrise verlor das Werk erheblich an Bedeutung. Die Hauptverwaltung (HV) der DRG erwog in den Jahren 1929/30 die Schließung des RAW Cottbus. Erst 1932 waren die Pläne endgültig vom Tisch. Ab 1933 stellte die Reichsbahn wieder zusätzliche Arbeitskräfte ein, so dass das RAW Cottbus Mitte der 1930er-Jahre mit mehr als 2.500 Beschäftigten der größte industrielle Arbeitgeber in der Stadt war. Das Werk arbeitete nun neben Dampflokomotiven auch Heizkesselwagen und Güterwagen auf. Außerdem wurden im RAW Cottbus Arbeits- und Dienstfahrzeuge umgebaut bzw. instand gehalten. Bei einem Bombenangriff auf den Eisenbahnknoten Cottbus am 15. Februar 1945 wurden auch große Teile des Ausbesserungswerkes zerstört.

Der Wiederaufbau des Raw Cottbus ging nur langsam voran. Erst 1947 konnten die letzten Schäden beseitigt werden. Zu diesem Zeitpunkt gehörten lediglich Maschinen der Baureihen 17.10–12, 55.0–7, 55.16–22 und

Das Raw Cottbus war ab 1947 für die Unterhaltung der Baureihen 55.0–7, 55.16–22 und 55.25–56 verantwortlich. Später übernahm das Werk außerdem die Baureihen 42 (1956–1964), 56.2–8 (ab 1951) und 56.20–29 (ab 1954). Diese Aufnahme entstand Anfang der 1960er-Jahre. Foto: Slg. D. Endisch

55.25–56 zum Erhaltungsbestand des Werkes. Bis 1952 wurde die Wagen-Abteilung schrittweise aufgelöst. Die dabei freigesetzten Produktionskapazitäten wurden für die Unterhaltung der Güterzugloks der Baureihen 42 (1956–1964), 56.2–8 (ab 1951) und 56.20–29 (ab 1954) benötigt. Wenig später folgten die Reisezug-Maschinen der Baureihen 23.0 (ab 1959), 23.10 (ab 1958) und 65.10 (ab 1956). Außerdem war das Raw Cottbus kurzzeitig für die Baureihe 43 (1953–1956 und 1963–1965) sowie einige Exemplare der Baureihe 52 (1948–1953) verantwortlich.

Bereits 1964 billigte Verkehrsminister Erwin Kramer (22.08.1902–10.11.1979) den Vorschlag, das Raw Cottbus in ein Ausbesserungswerk für Diesellokomotiven umzuwandeln. Doch zunächst musste das Werk am 1. Januar 1964 vom Raw Karl-Marx-Stadt die Erhaltung der Baureihen 03 und 41 übernehmen. Erst 1965 begann die Ausbildung der ersten Eisenbahner zu Dieseltriebfahrzeug-Schlossern. In der Richthalle bestimmte hingegen noch immer die Dampftraktion das Bild. 1967 gehörten die Baureihen 03, 23.0, 23.10, 41, 55.16–22, 55.25–56, 56.2–9 und 65.10 zum Erhaltungsbestand des Raw Cottbus. Dieses gab zwar am 31. Dezember 1967 die Verantwortung für die Baureihen 03 und 41 an das Raw Meiningen ab, doch dafür musste das Werk die Unterhaltung der Baureihen 38.2–3 (ex Raw Zwickau) und 38.10–40 (ex Raw Leipzig-Engelsdorf) übernehmen. Zeitgleich verlagerte die DR die Instandhaltung der Dieselloks der Baureihe V 100 nach Cottbus. Dort wurde V 100 014 als erste Maschine ihres Typs im Mai 1968 fertiggestellt.

Am 19. Dezember 1968 brannte die Richthalle des Raw Cottbus ab. Auslöser für die Katastrophe waren Schweißarbeiten an einem mit Benzol gefüllten Kesselwagen. Das beschädigte Fahrzeug sollte im Werk repariert werden. Dabei trat Benzol aus, das sich entzündete und die Richthalle in ein Flammenmeer verwandelte. Es war ein Todesopfer zu beklagen: Eine Kranführerin konnte sich aufgrund des schnell ausbreitenden Feuers nicht mehr in Sicherheit bringen.

Bei dem Großbrand entstand außerdem ein beträchtlicher Sachschaden, den die DR auf rund 8 Millionen Mark veranschlagte. 14 Lokomotiven wurden teilweise irreparabel beschädigt. Die Richthalle, in der eigentlich die Unterhaltung der Baureihe V 100 konzentriert werden sollte, musste abgerissen werden. Angesichts der notwendigen Neubauten beschloss die HvM, das Raw Cottbus für die Instandhaltung der sowjetischen Großdieselloks der Baureihe V 300 herzurichten. Die Arbeiten dazu begannen aber erst 1971.

Daher bestimmten zunächst noch Dieselloks der Baureihe V 100 sowie Dampfloks verschiedener Gattungen den Arbeitsalltag der Schlosser. Ab 1. Januar 1969 oblag dem Raw Cottbus die Unterhaltung der Baureihen 24 und 86 (ex Raw Zwickau). Zeitgleich gab das Raw Halle (Saale) die letzten Exemplare der Baureihen 78.0–5, 91, 92, 93.0–4, 93.5–12, 94.5–18 und 94.20 nach Cottbus ab. Ab 1. Oktober 1969 zählte auch die Baureihe 64 zum Erhaltungsbestand des Raw Cottbus, das wenige Monate später (01.01.1970) im Tausch gegen die Baureihe 65.10 die Baureihe 41 aus dem Raw Meiningen übernahm.

Erst 1972 verlor die Dampflokausbesserung deutlich an Bedeutung. Zeitgleich konnten die ersten Neubauten, wie z.B. das neue Sozialgebäude und ein Lehrlingswohnheim, ihrer Bestimmung übergeben werden. Zu diesem

Die DR konzentrierte ab 1975 im Raw Cottbus schrittweise die Erhaltung der aus der Sowjetunion importierten Dieselloks der Baureihen 120, 130, 131, 132 und 142. Die Baureihe 120, hier 120 297 am 6. Juni 1980 in Halberstadt, wurde ab 1980 in Cottbus ausgebessert. *Foto: Slg. D. Endisch*

Zeitpunkt zählte das Raw »Hermann Matern« Cottbus (ab 1972; siehe Kasten S. 37) rund 1.600 Beschäftigte. Am 23. Juni 1973 endete schließlich mit der Abnahme der 86 390 die Dampflokzeit im Raw Cottbus.

Mit der Einführung einer neuen Technologie, der so genannten U-Fluss-Instandhaltung, konnte die Durchlaufzeit für die Diesellokomotiven deutlich verringert werden. Parallel dazu wurde in der Komponentenaufarbeitung die Fließfertigung eingeführt. Ab 1. August 1975 war das Raw Cottbus offiziell für die Unterhaltung der Baureihe 130 zuständig. Bereits einige Wochen zuvor, am 30. Juni 1975, war mit 130 079 die erste sowjetische Großdiesellok zur Instandsetzung eingetroffen. Mit der Übernahme der Baureihen 131 und 132 am 1. Januar 1976 waren die Tage der Baureihe 110 im Raw Cottbus gezählt. Ab 1. Januar 1977 unterstanden

Die Werklokomotiven des Raw Cottbus						
Betriebs-Nr.	Bauart	Hersteller	Baujahr	Fabrik-Nr.	DR-Nr.	Bemerkungen
WL 1	Dn2t	Vulcan	1922	2.688	ex 92 1030	ab 29.07.1954; + ?
WL 1[II]	B-dm	Henschel	1935	22.352	ex 100 555-2	ab 20.01.1974; + ?
WL 2	Cn2t	Henschel	1884	1.800	ex 89 7011	von Meiningen; + ?
WL 3	Dn2t	Union	1912	1.955	ex 92 625	ab 1961; + 14.06.1967; ++ 1967 Raw Halle (Saale)
WL 3[II]	Dn2t	Hanomag	1912	6.409	ex 92 598	ab 14.07.1970; ++ 12.1976 Raw Cottbus
WL 4	Cn2t	Henschel	1914	13.025	ex 89 6024	Typ »Bismarck I«; an Kleinbahn AG Burxdorf-Mühlberg geliefert; ab 01.07.1961; am 01.08.1963 an Raw Görlitz
WL 4[II]	1´Cn2t	Wolf	1907	541	ex 91 867	ab 05.07.1965; + ?
WL 6	B-dh	LKM Babelsberg	1969	262.185	-	Typ V 22 B; Abnahme am 30.04.1969; + ?
WL ?	B-dm	Esslingen	1935	4.275	ex Kö 0149	ab 1958; + ?
WL ?	B-dh	Deutz	1943	47.261	ex 310 882-6	ab 25.11.1993; + ?

die Maschinen schließlich dem Raw Stendal. Die DR konzentrierte hingegen in Cottbus die Erhaltung der aus der Sowjetunion importierten Maschinen. Ab 1980 führte das Werk auch erste Schadgruppen an der Baureihe 120 aus, die aber erst 1984 gänzlich nach Cottbus wechselte.

Die tief greifenden politischen und wirtschaftlichen Umwälzungen der Jahre 1989/90 blieben auch für das Raw Cottbus nicht ohne Folgen. Angesichts des stark schrumpfenden Güterverkehrs strich die DR zunächst die Baureihe 120 aus dem Unterhaltungsbestand. Als letzte ihres Typs verließ 120 295 am 30. Juli 1991 das Werk. Wenig später endete auch die Instandsetzung der im Güterzugdienst eingesetzten Baureihen 130 und 131 sowie der Einzelgänger der Baureihe 142. Dieser Leistungsrückgang konnte durch die gründliche Instandsetzung der Baureihe 232 (ex Baureihe 132), Umbauten (Baureihe 234) und Remotorisierungen aber nur teilweise ausgeglichen werden. Somit schrumpfte die Belegschaft von über 2.000 Beschäftigen im Sommer 1990 auf etwa 980 Arbeiter und Angestellte im Herbst 1996. Zu diesem Zeitpunkt wurden im Werk Cottbus auch Elektroloks der Baureihe 140 instand gesetzt.

Mit der Aufteilung der Werke auf die einzelnen Transportbereiche gelangte das ehemalige Raw Cottbus zur späteren DB Cargo AG, die hier schrittweise die Unterhaltung ihrer Dieselloks konzentrierte. Nach der Schließung des Werkes Opladen gewann in Cottbus die Instandsetzung von Elektroloks an Bedeutung. Seither ist das Werk Cottbus das einzige Triebfahrzeug-Ausbesserungswerk der DB Cargo AG.

Hermann Matern

Hermann Matern wurde am 17. Juni 1893 in Burg (bei Magdeburg) geboren. Nach der Volksschule erlernte er ab 1907 das Gerber-Handwerk. 1907 trat er der Sozialistischen Arbeiterjugend und vier Jahre später der SPD bei. Aus Protest gegen die Politik der SPD trat er 1914 aus der Partei aus. Ab 1918 engagierte er sich in der Unabhängigen Sozialdemokratischen Partei Deutschlands (USPD) und wurde später Mitglied der KPD, die ihn zum Politleiter für die Bezirke Magdeburg-Anhalt (1929–1931) und Ostpreußen (1932/33) berief. Nach seiner Verhaftung im Juli 1933 gelang ihm im September 1934 die Flucht aus dem Gefängnis Stettin-Altdamm. Er emigrierte zunächst in die Tschechoslowakei, bevor er dann über die Schweiz nach Frankreich kam. Nach Aufenthalten in Belgien, Holland, Norwegen und Schweden gelangte er in die Sowjetunion. Am 1. Mai 1945 kehrte er nach Deutschland zurück. Zunächst war Hermann Matern erster Sekretär der KPD-Bezirksleitung Sachsen, bevor er 1946 zum Vorsitzenden des SED-Landesverbandes Berlin gewählt wurde. Ab Oktober 1948 war er Vorsitzender der Zentralen Parteikontrollkommission (ZPKK) der SED und ab 1950 Mitglied des Politbüros des Zentralkomitees (ZK) der SED. Ab 1950 bekleidete er das Amt des Vizepräsidenten der Volkskammer, bevor er 1954 zum ersten Stellvertreter des Volkskammer-Präsidenten gewählt wurde. Matern verstarb am 24. Januar 1971 in Berlin.

2.4 Das Raw Dessau

Die Preußische Staatsbahn nahm 1911 auf der Strecke Dessau–Bitterfeld die elektrische Zugförderung auf. Dies stellte auch das Werkstättenwesen vor neue Herausforderungen. Da es bei der Preußischen Staatsbahn üblich war, die Lokomotiven und Wagen einer Eisenbahndirektion (ED) in den Hauptwerkstätten innerhalb des Direktionsbereiches aufzuarbeiten, wurde in der HW Halle (Saale) eine »Elektrische Abteilung« eingerichtet. Es zeigte sich jedoch, dass es nur schwer möglich war, ein Dampflok-Werk auf die Erhaltung elektrischer Triebfahrzeuge umzustellen. Mit dem geplanten Ausbau des elektrischen Streckennetzes in Mitteldeutschland wurde ein geeignetes Ausbesserungswerk benötigt. Die Reichsbahn beschloss schließlich 1921, für die Elektroloks der Reichsbahndirektionen Halle und Magdeburg eine neue Werkstatt zu errichten. Die Wahl fiel dabei auf Dessau, wo die Reichsbahn preiswert ein 21,5 Hektar großes Grundstück erwerben konnte.

Die Vorarbeiten für das neue Ausbesserungswerk übernahm Regierungsbaurat Prof. Dr. Wilhelm Sorger, der zunächst zu Studienzwecken in die Schweiz reiste. Die eigentlichen Entwurfsarbeiten oblagen Regierungsbaumeister Falk von der RBD Halle. Neben dem eigentlichen Werkkomplex entstanden ein neuer Haltepunkt und eine Wohnsiedlung. Bereits im März 1923 begannen die Bauarbeiten. Am 15. August 1925 nahm die DRG den Haltepunkt Dessau Süd in Betrieb. Schon 1923 konnten die ersten Häuser der Wohnsiedlung fertiggestellt werden. Diese nutzte aber zunächst die Bauleitung.

Die Arbeiten an den Werkanlagen gingen hingegen nur schleppend voran. Zum einen war das Geld knapp, zum anderen verzögerten der hohe Grundwasserstand und der unter der Tonschicht vorgefundene Schwemmsand die Bauarbeiten. Erst am 2. Dezember 1929 konnte die DRG das neue Werk seiner Bestimmung übergeben. Kernstück der Anlage war die spätere Halle I, die aus sieben Längsschiffen und einem Querschiff mit einer bebauten Fläche von insgesamt 30.385 m² bestand. In den Hallenschiffen IV und VI befanden sich jeweils

Ab 1. Januar 1976 war das Raw Cottbus für die Instandhaltung der Baureihe 132 verantwortlich. 132 289 wartete am 10. Oktober 1991 im Bw Magdeburg auf ihren nächsten Einsatz. *Foto: F. Köhler*

40 Querstände (26 m lang), die über eine Schiebebühne erreichbar waren. Zur technischen Ausstattung gehörten u.a. zwei kuppelbare Lokhebekräne und eine Achssenke. Für die Hallenkonstruktion wurden rund 3.600 t Stahl verbaut. Ergänzt wurde der Neubau durch zwei eingeschossige Nebengebäude für den Pförtner-, den Speise- und den Sanitätsraum sowie das Lager und den Ölkeller.

Das Werk Dessau unterstand bei seiner Inbetriebnahme dem Raw Halle (Saale). Die Mehrzahl der insgesamt 180 Beschäftigten stammte aus den Ausbesserungswerken Braunschweig, Dresden, Delitzsch, Halle (Saale), Lauban und Meiningen. Das Werk war zunächst für die Unterhaltung der Elektroloks der Baureihen E 71.1 und E 77 zuständig. Später wurden in Dessau auch die Baureihen E 04, E 05, E 05.1, E 15, E 16.5, E 17, E 18, E 44, E 50.3, E 50.4, E 73, E 75 und E 94 instand gesetzt. Außerdem arbeiteten die Eisenbahner Akku-, Dampf- und Verbrennungstriebwagen, Bei- und Steuerwagen, Kleinlokomotiven sowie Bahndienstwagen auf. Des Weiteren entstand in den 1930er-Jahren eine so genannte Kraftwagen-Abteilung, die Lastkraftwagen, Omnibusse, Personenkraftwagen und Straßenroller reparierte. Trotz dieses weitgefächerten Aufgabenbereiches stieg die Zahl der Beschäftigten nur langsam. Im Sommer 1931 waren 284 Eisenbahner in der Werkabteilung (WA) Dessau beschäftigt. Erst am 1. August 1933 wurde Dessau in eine eigenständige Dienststelle umgewandelt. Zu diesem Zeitpunkt standen hier 407 Männer und Frauen in Lohn und Brot.

Im Herbst 1933 mussten aber große Teile der Halle I geräumt werden. Ab 26. November 1933 mietete die Junkers Flugzeugwerke AG rund 17.000 m^2 in den Schiffen II, IV und VI an, um hier Rümpfe und Tragflächen

Das Raw Dessau galt als eines der modernsten Ausbesserungswerke der Reichsbahn. Das Werk blieb bis heute erhalten und setzt nach wie vor Elektroloks instand. Diese Aufnahme entstand um 1940.

Foto: Slg. H.-J. Lange

für die Ju 52 zu produzieren. Erst im April 1937 gab die Firma Junkers die Flächen an das RAW Dessau zurück. Für die Instandhaltung der Schienenfahrzeuge standen damit nur noch sechs Querstände zur Verfügung. Mit der Übernahme weiterer Lokomotiven sowie Trieb-, Steuer- und Beiwagen erreichte das RAW Dessau jedoch alsbald seine Leistungsgrenze. Bereits am 14. Februar 1934 stimmte die HV dem Bau der so genannten Triebwagenhalle (Halle II) sowie zweier Nebengebäude zu. Schon 1935 konnte die Halle II genutzt werden. Bis 1937 entstand das Kantinengebäude, während sich die Fertigstellung des Verwaltungsgebäudes sowie des Motorenprüfstands und des als »Windschleuse« bezeichneten Triebwagen-Prüffeldes bis 1939 verzögerten. Damit war das RAW Dessau, das rund 1.100 Mitarbeiter zählte, das modernste Ausbesserungswerk der Reichsbahn.

Während des Zweiten Weltkrieges wurden Teile des Werkes abermals für die Rüstungsindustrie benötigt. Ab 1943 ließ die Firma Junkers in der Halle II Flugzeugrümpfe bauen. Bei dem schweren Bombenangriff am 7. März 1945 auf Dessau wurden auch rund 60 % der Werkanlagen zerstört. Dabei gingen u.a. in der Plankammer ca. 50.000 Zeichnungen in Flammen auf.

Nach der Besetzung Dessaus durch Truppen der US-Armee ruhte auch weiterhin die Arbeit im Werk. Die Besatzungsmacht beschlagnahmte technische Unterlagen für die Lokunterhaltung und ließ sie nach München abtransportieren. Erst im Sommer 1945, Dessau gehörte ab 9. Juli 1945 zur sowjetischen Besatzungszone (SBZ), begann der Wiederaufbau der zerstörten Gebäude und Anlagen. Doch nur wenige Monate später, am 8. März 1946, teilte die Sowjetische Militäradministration in Deutschland (SMAD) der GD der DR mit, dass alle elektrischen Triebfahrzeuge und die Infrastruktur für die elektrische Zugförderung als Reparationsleistung beschlagnahmt werden. Dazu zählte auch das Raw Dessau, dessen Anlagen und Maschinen ab 1. April 1946 demontiert, verpackt und in die Sowjetunion verbracht wurden. Dies galt auch für die große Schiebebühne in der Halle I. Nach dem Ende der Demontagearbeiten am

31. Dezember 1946 verfügte das Raw Dessau nur noch über wenige Werkzeugmaschinen. Die vorhandene Technik genügte kaum, um die Trieb-, Bei- und Steuerwagen sowie die Kleinloks aufzuarbeiten. Um die vorhandenen Eisenbahner zu beschäftigten, übernahm das Raw Dessau die Instandsetzung der Dampflok-Lichtmaschinen. Außerdem begann 1947/48 die Reparatur von Kesseln der Baureihen 44, 50, 52 und 64. Doch dieses Intermezzo endete bereits im Herbst 1948. Auch die Instandsetzung von Dampfloks (u.a. 38 1713 und 38 2958) in den Jahren 1949/50 endete nach kurzer Zeit. Stattdessen wurden in Dessau nun auch Güterwagen sowie zwei- und dreiachsige Reisezugwagen aufgearbeitet.

1952 schien das Ende des Raw Dessau besiegelt: Die DR musste das Werk am 1. Januar 1952 formal an das Ministerium für Transportmittel- und Landmaschinenbau abgeben. Die jetzt zuständige HV Transportmaschinenbau wollte in Dessau Rümpfe, Tragflächen und Vorrichtungen für den Flugzeugbau fertigen. Die Aufgaben in der Fahrzeug-Instandhaltung sollte die DR nach Magdeburg-Buckau verlagern. Dort war die Reaktivierung des in den 1920er-Jahren geschlossenen Ausbesserungswerkes vorgesehen. Doch diese Planungen waren alsbald überholt. Das Ministerium für Transportmittel- und Landmaschinenbau gab das Werk in Dessau am 1. Juli 1953 an das Ministerium für Schwermaschinenbau ab, dass dort Mähdrescher produzieren wollte. Dagegen protestierte jedoch die GD der DR. Am 18. März 1952 hatten sich die DDR und die Sowjetunion auf die Rückgabe der 1945/46 konfiszierten elektrischen Triebfahrzeuge und Anlagen geeinigt, die ab Juni 1952 schrittweise in die DDR gebracht wurden. Für die Aufarbeitung der Lokomotiven benötigte die DR aber ein leistungsfähiges Ausbesserungswerk. Der Wiederaufbau des Raw Magdeburg-Buckau schied aus finanziellen, technologischen und zeitlichen Gründen aus. Im Streit mit dem Ministerium für Schwermaschinenbau setzte sich schließlich die DR durch, die formal zum 1. Januar 1954 die Werkanlagen in Dessau zurückerhielt. Bereits einige Monate zuvor, am 1. Juli 1953, hatte die GD der DR formal das Raw Dessau neu gegründet. 1954 begann schließlich die Reparatur von Elektroloks. E 44 143 wurde als erste Maschine am 7. März 1955 fertiggestellt. Neben insgesamt 46 Exemplaren der Baureihe E 44 verließen bis 1961 Maschinen der Baureihen E 04 (14 Stück), E 05 (1 Stück), E 17 (2 Stück), E 18 (3 Stück), E 21 (2 Stück), E 77 (10 Stück), E 94 (23 Stück) und E 95 (3 Stück) das Werk, dass außerdem zwei Triebwagen der Baureihe ET 25 wieder instand setzte. Als einziges Elektrolok-Raw der DR war Dessau dann auch für die Unterhaltung der Neubau-Maschinen der Baureihen E 11 (ab 1961) und E 42 (ab 1963) zuständig. Mit der Übernahme der 15 Loks der Baureihe E 251 erreichte das Werk 1965 seine Kapazitätsgrenze. Bereits zum 1. Januar 1965 verlagerte die HvRaw die Unterhaltung der Altbau-Triebwagen zum Raw Wittenberge, das 1965 auch einen Teil der Steuer- und Beiwagen übernahm. Am 30. Juni 1968 endete dann die Erhaltung der Baureihen VB 140 und VS 145 im Raw »Otto Grotewohl« Dessau (ab 11.06.1966; siehe Kasten S. 43). Die vierachsigen Beiwagen der Baureihe VB 147 gingen am 30. Juni 1969 auf das Raw Wittenberge über. Zu diesem Zeitpunkt waren auch die Kleinloks im Raw Dessau Geschichte. Die letzte Maschine verließ das Werk am 13. Dezember 1968. Parallel dazu endete auch die Aufarbeitung der Turbo-Generatoren. Diese Aufgabe übernahm das Raw Leipzig-Engelsdorf.

Die dadurch freigesetzten Fertigungskapazitäten benötigte das Werk für die Instandhaltung der dieselelektrischen Maschinen der Baureihen V 75 (1962–1972) und V 200 (ab 1967), denen 1970 die ersten Exemplare der Baureihe V 300 folgten. Für die Erprobung der bei der Baureihe V 200 verwendeten Dieselmotoren des Typs 14 D 40 entstand ein Prüfstand, der am 10. Juni 1975 seiner Bestimmung übergeben wurde. Doch zu diesem Zeitpunkt verlor die Diesellok-Unterhaltung in Dessau bereits an Bedeutung. Am 31. Juli 1975 endete die Erhaltung der Baureihe 130, für die fortan das Raw Cottbus (siehe S. 35) verantwortlich war. Nur wenige

Hochbetrieb im Raw Dessau: Im Schiff IV der Halle 1 werden 1962 u.a. E 04 15 und eine Elektrolok der Baureihe E 77 aufgearbeitet. Rechts im Hintergrund ist ein Triebwagen zu erkennen.
Foto: Historische Sammlung DB AG, Slg. H.-J. Lange

Monate später, am 1. Januar 1976, übernahm Cottbus auch die Baureihen 131 und 132. Damit verblieb nur die Baureihe 120 (ex Baureihe V 200) im Raw Dessau, das außerdem für alle Elektroloks der DR und die im Verschub eingesetzten Akku-Schleppfahrzeuge (ASF) zuständig war.

Mit der ab 1982 forcierten Streckenelektrifizierung und der Serienlieferung der Baureihen 243 (ab 1984) und 250 (ab 1977) erreichte das Raw Dessau seine Leistungsgrenze. Daher endete hier 1983 die Unterhaltung der Baureihe 120. Als letzte ihres Typs wurde 120 087 am 23. Dezember 1983 abgenommen. Zu diesem Zeitpunkt zählte das Werk über 1.900 Beschäftigte. Aber auch die Altbau-Elektroloks verloren aufgrund ihres Alters zusehends an Bedeutung. Mit 244 139 (21.10.–22.12.1986) und 254 106 (22.09.–30.11.1986) endete schließlich im Herbst 1986 diese Ära.

Die politischen und wirtschaftlichen Umbrüche der Jahre 1989/90 blieben auch für das RAW Dessau nicht ohne Folgen. Neu im Erhaltungsbestand des Werkes waren ab 1990 die aus der CSSR importieren Zweisystem-Maschinen der Baureihe 230. Um die vorhandenen Produktionskapazitäten auszulasten, übernahm das Raw Dessau bereits Anfang 1990 erste Arbeiten an DB-Loks. Ab November 1990 folgten dann Hauptuntersuchungen an DB-Maschinen. Ungeachtet dessen musste im Raw Des-

2.4 Das Raw Dessau

Am 31. August 1998 entstand diese Aufnahme des Schiebebühnenfeldes im ehemaligen Raw Dessau.
Foto: H.-J. Lange

Die Werklokomotiven des Raw Dessau

Betriebs-Nr.	Bauart	Hersteller	Baujahr	Fabrik-Nr.	DR-Nr.	Bemerkungen
WL 1	B-dm	BMAG	1930	9.770	ex Kb 4000	ab 06.04.1935; + ?
WL 2	B-dh	LKM Babelsberg	1974	262.492	-	Typ V 22 B; 2004 an Anhaltische Bahn GmbH (Dessau)
WL 3	B-dm	Windhoff	1934	246	ex Kö 0078	ab 01.12.1961; + ?
WL 4	B-dh	LKM Babelsberg	1972	262.360	-	Typ V 22 B; Abnahme am 02.05.1974; 2004 an Anhaltische Bahn GmbH (Dessau)
WL 5	B-dh	LKM Babelsberg	1968	262.064	ex 102 030-4	Typ 22 B; 2004 an Anhaltische Bahn GmbH; 2004 an Schotterwerk Röblingen GmbH, Teutschenthal; 2006 an Bares Baustoffhandel und Reifenservice GmbH, Siersleben; 2011 an Firma Lok-Ost Olof Stille (312 030-4)

Otto Grotewohl

Otto Grotewohl, geboren am 11. März 1894 in Braunschweig, absolvierte eine Ausbildung zum Buchdrucker (1908–1912) und trat anschließend der SPD und dem Verband der Deutschen Buchdrucker bei. Nach seinem Militärdienst (1914–1918) wechselte er zur USPD, für die er 1920 in den Landtag des Freistaates Braunschweig einzog. Ab 1922 war er wieder Mitglied der SPD, für die er ab 1925 im Reichstag saß. Am 1. Oktober 1928 wurde er zum Präsidenten der Landesversicherungsanstalt berufen. Die Nationalsozialisten enthoben ihn 1933 von all seinen Ämtern. Ab 1934 arbeitete Otto Grotewohl als Lebensmittelhändler in Hamburg, bevor er 1938 nach Berlin übersiedelte. Im August 1938 wurde er verhaftet. Das gegen ihn eröffnete Verfahren vor dem Volksgerichtshof wurde aber 1940 eingestellt. Grotewohl gehörte am 17. Juni 1946 zu den Unterzeichnern des Gründungsaufrufs für die SPD. Sehr schnell zählte er zu den Befürwortern einer raschen Vereinigung mit der KPD. Nach der Gründung der SED (21. und 22.04.1946) wurde er gemeinsam mit Wilhelm Pieck (siehe S. 30) zum Parteivorsitzenden gewählt. Ab 1948 leitete Grotewohl den Verfassungsausschuss des Deutschen Volksrates, der der Vorläufer der DDR-Volkskammer war. Diese wählte ihn zum ersten Ministerpräsidenten der DDR. Ab 1960 war Otto Grotewohl auch stellvertretender Vorsitzender des Staatsrates, konnte aber seine Ämter aufgrund eines Schlaganfalls ab November 1960 faktisch nicht mehr ausüben. Er starb am 21. September 1964.

sau massiv Personal abgebaut werden. Zählte das Werk im Herbst 1990 noch rund 1.800 Mitarbeiter, waren es sechs Jahre später nicht einmal mehr 1.100 Beschäftigte. Nach der Aufteilung der Werkstätten auf die einzelnen Geschäftsbereiche gehörte das Werk Dessau ab 1998 zu späteren DB Regio AG. Dies führte dazu, dass DB Cargo die Unterhaltung der Baureihen 150 und 155 aus Dessau abzog. Im Gegenzug verlagerte DB Regio die Erhaltung der Baureihen 110 und 111 von Opladen nach Dessau.
Nach der Bildung des Bereichs Fahrzeuginstandhaltung im Jahr 2001 gewann das Werk Dessau als einzig verbliebenes Ausbesserungswerk für Elektroloks wieder an Bedeutung. 2003 fiel die Entscheidung, den Standort Dessau zu erhalten. Gleichwohl ging die klassische Instandsetzung von Triebfahrzeugen zurück. Dafür spielt seither die Aufarbeitung von Komponenten eine immer größere Rolle. In Dessau werden vor allem Fahrmotoren aller Art, Antriebe, Luftverdichter, Radsätze, Schaltwerke, Steuerungen, Stromabnehmer, Transformatoren und Triebdrehgestelle repariert. Rund 65 % aller Arbeiten entfielen im Jahr 2010 auf die Komponentenfertigung. Derzeit zählt das Werk Dessau, das in eine gesicherte Zukunft blicken kann, etwa 1.000 Beschäftigte.

2.5 Das Raw Görlitz

Das Raw Görlitz war in erster Linie für die Unterhaltung der Schmalspur-Dampfloks der DR verantwortlich. Dabei war die Dienststelle ursprünglich ein Bahnbetriebswerk. Im Zuge der Erweiterung der Bahnanlagen im Raum Görlitz wurde von 1909 bis 1911 auch der Rangierbahnhof Schlauroth gebaut. In dessen Nähe entstand eine moderne Betriebswerkestätte mit Rechteckschuppen, Schiebebühne und Lokbehandlungsanlagen. Rund zwei Drittel der Fläche gehörten der Preußischen Staatsbahn. Das andere Drittel nutzten die K.Sächs.Sts.E. Erst nach der Gründung der Deutschen Reichsbahn wurden beide Teile zum Bw Schlauroth zusammengefasst, das der RBD Breslau unterstand. Mit der Aufnahme der elektrischen Zugförderung zwischen Lauban und dem Rangier-

Das Raw Görlitz arbeitete neben den Schmalspurdampfloks der DR auch zeitweilig regelspurige Tendermaschinen auf. 99 5904 stand am 17. September 1983 in der Richthalle, wo sie eine Zwischenausbesserung (L5) erhielt. *Foto: J. Schulze, Slg. G. Schütze*

bahnhof Schlauroth in den Jahren 1923/24 wurde die ehemalige Betriebswerkestätte in ein modernes Bahnbetriebswerk für Elektroloks umgewandelt. Nach dem Zweiten Weltkrieg war die Strecke nach Lauban durch die neue Grenze zwischen Polen und der SBZ unterbrochen. Außerdem ließ die SMAD im Bw Schlauroth alle elektrischen Anlagen, einen Teil der Gleise sowie Maschinen und Werkzeuge als Reparationsleistung beschlagnahmen, demontieren und in die Sowjetunion abtransportieren. Damit spielte das Bw Schlauroth für die Zugförderung keine Rolle mehr. Die Dienststelle wurde in eine Werkabteilung des Bw Görlitz umgewandelt. Die in Schlauroth verbliebenen Eisenbahner begannen im September 1945 mit der Reparatur von Lokomotiven und Wagen. Die ersten Schmalspur-Maschinen wurden 1948 instand gesetzt. Bereits ein Jahr später verließen 65 Lokomotiven die WA Schlauroth.

Da der DR in der SBZ Ende der 1940er-Jahre Werkstattkapazitäten fehlten und die anderen Ausbesserungswerke mit der Aufarbeitung der regelspurigen Fahrzeuge gänzlich ausgelastet waren, beschloss die GD der DR, die Werkabteilung in eine selbstständige Dienststelle umzuwandeln. Dies erfolgte am 1. Januar 1950. Wichtigste Aufgabe der rund 300 Eisenbahner des Raw Schlauroth war die Instandsetzung der Schmalspur-Dampfloks der Reichsbahn. Deren Bestand war nach der

Am 17. September 1983 stand eine ausgeachste Maschine der Baureihe 99.73–76 auf Transportdrehgestellen im Raw Görlitz. Foto: Slg. G. Schütze

Übernahme der ehemaligen Klein- und Privatbahnen in der SBZ am 1. April 1949 deutlich gewachsen. Lediglich die Reichsbahndirektionen Magdeburg und Schwerin ließen ihre Schmalspur-Maschinen zunächst nicht in Görlitz aufarbeiten. Stattdessen wurden im Werk zwischen 1950 und 1955 auch einige regelspurige Maschinen der Baureihen 38.10–40, 56, 58, 75.4, 10–11, 89, 91, 92 und 94 repariert. Ab 1955 setzte das Raw Görlitz auch regelspurige Werkdampfloks für volkseigene Betriebe instand. In den 1950er-Jahren erweiterte die DR die Anlagen des Werkes, das am 15. Oktober 1955 den Namen »Deutsch-Sowjetische Freundschaft« (DSF) erhielt. Nach einer Gebietsreform wurde der Ortsname Schlauroth am 1. Januar 1956 durch Görlitz ersetzt. Ab 1. Januar 1958 gehörten alle Schmalspur-Dampfloks der DR zum Erhaltungsbestand des Raw Görlitz. Dieser umfasste 263 Maschinen, die sich auf 47 verschiedene Bauarten verteilten.

Diese Typenvielfalt stellte die Eisenbahner vor große Herausforderungen, zumal ein erheblicher Teil der Fahrzeuge überaltert und verschlissen war. Zudem waren viele Maschinen Einzelstücke oder Kleinserien, die kaum Normteile besaßen. Fehlende technische Dokumentationen erschwerten die Erhaltung der Loks. Doch mit Improvisationsvermögen und Sachverstand gelang es, die Fahrzeuge aufzuarbeiten. Anfang der 1960er-Jahre verschärfte sich die Situation allerdings wieder: Ein erheblicher Teil der auf den 750 mm-Schmalspurbahnen eingesetzten Loks erreichte die Nutzungsgrenze. Da Ersatzfahrzeuge nicht verfügbar waren, begann das Raw Görlitz in Abstimmung mit der Hauptverwaltung der Maschinenwirtschaft (HvM), der Hauptverwaltung der Reichsbahnausbesserungswerke (HvRaw) sowie den betreffenden Reichsbahndirektionen mit der Modernisierung ausgewählter Maschinen. 1962 wurden die ersten Loks der Baureihe 99.51–60 (ex sächsische IV K) mit geschweißten Ersatzkesseln ausgerüstet. Ein Jahr später folgten die Baureihen 99.64–71 (ex sächsische VI K) und 99.73–76 (Einheitslok). Im Zuge dieser Generalreparatur (GR) erhielten die Maschinen bei Bedarf auch neue Führerhäuser und Vorratsbehälter. Bei einigen Maschinen wurden später auch die Rahmen und andere Hauptbaugruppen ersetzt. Die als »Großteilerneuerung« bezeichnete Modernisierung entsprach einem Neubau, so geschehen beispielsweise bei den Baureihen 99.51–60, 99.64–71 und dem Einzelstück 99 4511. Das Umbauprogramm endete 1967. Insgesamt hatte das Raw Görlitz 39 neue Rahmen gebaut und 61 Ersatzkessel verwendet.

Doch zu diesem Zeitpunkt verloren die Schmalspurbahnen in der DDR an Bedeutung. Die Ende der 1960er-Jahre beginnende Streckenstilllegung hatte auch Folgen für das Raw Görlitz, das nun auch Schmalspurtransportwagen (ab 1966) und Rollfahrzeuge (ab 1967) instand hielt. Außerdem arbeiteten die Schlosser Kleinbehälter für den Gütertransport (ab 1967) und Regelspur-Maschinen auf, so z.B. die Baureihe 64 (1972/73). Angesichts der für Mitte der 1970er-Jahre geplanten Aufgabe der letzten Schmalspurbahnen löste die Rbd Aw am 31. Januar 1971 das Raw Görlitz auf und wandelte es in eine Außenstelle des Raw Cottbus um. Da aber einige Strecken erhalten

2.5 Das Raw Görlitz

Als 5000. im Raw Görlitz aufgearbeitete Maschine wurde 1977 feierlich die Neubau-Dampflok 99 771 verabschiedet. Zu diesem Zeitpunkt war Görlitz ein Werkteil des Raw Cottbus. Ab 1. Januar 1978 erhielt das Werk wieder seine Selbstständigkeit. *Foto: Slg. G. Schütze*

Die Werklokomotiven des Raw Görlitz

Betriebs-Nr.	Bauart	Hersteller	Baujahr	Fabrik-Nr.	DR-Nr.	Bemerkungen
WL 1	Cn2t	Vulcan	1911	2.619	ex 89 953	Lenz-Typ »b«; an Kleinbahn AG Grünberg-Sprottau geliefert; ab 04.05.1954; + ?
WL 1^{II}	Cn2t	Henschel	1914	13.025	ex 89 6024	Typ »Bismarck I«; an Kleinbahn AG Burxdorf-Mühlberg geliefert; ab 01.08.1963; am 30.12.77 an das DDM Neuenmarkt-Wirsberg verkauft
WL 1^{III}	B dh	LKM Babelsberg	1970	265.008	ex 102 108-7	ab 1976; + ?
WL 2	Cn2t	Henschel	1927	19.763	-	an Braunkohlenwerke Welzow (WL 5) geliefert; ab 1974 Raw Görlitz; 1976 an Dresdner Verkehrsbetriebe; ab 1983 Raw Görlitz; 1984 abgestellt

blieben, war Görlitz ab 1. Januar 1978 wieder ein eigenständiges Ausbesserungswerk, dessen Produktionsprofil sich jedoch spürbar wandelte. Am 1. Juni 1978 begann das Raw Görlitz mit der Produktion von Dreikraft-Gleisbremsen, mit denen später 18 Rangierbahnhöfe in der DDR ausgerüstet wurden. Ab 1981 wurden die Dreikraft-Gleisbremsen auch in Görlitz gewartet. Etwa die Hälfte der rund 540 Beschäftigten war im Fertigungsbereich »Gleisbremse« tätig. Die Unterhaltung der Schmalspur-Dampfloks schrumpfte hingegen in den 1980er-Jahren auf ein Minimum. Im Sommer 1987 gehörten noch 87 Loks zum Unterhaltungsbestand, von denen rund 70 im Jahr ausgebessert wurden. 1960 hatte das Werk noch 181 Maschinen untersucht.

Die Ereignisse der Jahre 1989/90 hatten gravierende Folgen für das Raw Görlitz, dessen Produktion förmlich zusammenbrach. Der Fertigungsbereich »Gleisbremse« wurde im Dezember 1992 geschlossen. Um den Fortbestand zu sichern, wurden ab Juli 1992 in Görlitz die Wagen der sächsischen Schmalspurbahnen repariert. Außerdem wurden in den Jahren 1991/92 insgesamt 14 Exemplare der Baureihe 99.77–79 mit neuen Rahmen und Kesseln ausgerüstet. Doch mit der Gründung der DB AG waren die Tage des Werkes gezählt. Die Harzer Schmalspurbahnen GmbH (HSB) schrieb 1994 die Instandhaltung ihrer Lokomotiven aus und entschied sich schließlich 1995 für das Werk Meiningen. Damit verlor das ehemalige Raw Görlitz einen seiner wichtigsten Auftraggeber. 1997 verlagerte die DB AG die Unterhaltung ihrer Schmalspur-Maschinen ebenfalls nach Meiningen. Damit hatte das Werk Görlitz keine Zukunft mehr. Die letzten 21 Eisenbahner arbeiteten 1997 lediglich die 99 568 des Vereins »Interessengemeinschaft Preßnitztalbahn e.V.« auf, die als letzte Dampflok am 13. September 1997 fertiggestellt wurde. Während die Arbeiten an den letzten Schmalspurwagen liefen, begann die DB AG damit, die nicht mehr benötigten Maschinen und Anlagen zu verkaufen bzw. zu verschrotten. Am 30. Juni 1998 schloss das ehemalige Raw Görlitz offiziell seine Tore, die letzten Mitarbeiter verließen das Werk am 31. August 1998. Nach Jahren des Verfalls erwarb im Dezember 2012 die Stadt Görlitz das Gelände des Ausbesserungswerkes und des benachbarten Rangierbahnhofs, um es in einen Gewerbepark umzuwandeln.

2.6 Das Raw Halle (Saale)

Das Raw Halle (Saale) war eines der kleinsten Triebfahrzeug-Ausbesserungswerke der DR, konnte aber auf eine lange Geschichte zurückblicken. Die Ursprünge des Werkes reichen zurück bis in das Jahr 1864. Die zunächst vorhandene Schmiede wurde wenig später durch eine Wagen- und Lokwerkstatt sowie eine Radsatzdreherei und eine Schlosserei erweitert. Die Preußische Staatsbahn gab jedoch 1908 die Wagenunterhaltung in Halle (Saale) auf und verlagerte diese zur neuen HW Delitzsch (siehe S. 66 ff.). Zwischen 1910 und 1912 entstanden die spätere Richthalle I und die neue Kesselschmiede. Für die Unterhaltung der auf der Strecke Dessau–Bitterfeld eingesetzten Elektroloks entstand 1911 in der HW Halle (Saale) eine »Elektrische Abteilung«, die Keimzelle des späteren Raw Dessau (siehe S. 37 ff.). Für die Instandsetzung der elektrischen Triebfahrzeuge standen bis 1929 fünf Stände zur Verfügung.

Im Frühjahr 1945 wurden die Anlagen des Werkes schwer beschädigt. Aus diesem Grund mussten zeitweilig auch die Werkstätten in den Bahnbetriebswerken Halle G und Halle P für die Lokausbesserung genutzt werden. Im September 1945 stellte das Raw Halle (Saale) die ersten Maschinen fertig. Es dauerte bis 1950, bevor alle Schäden an der Infrastruktur beseitigt waren. Ab dem Sommer 1946 unterstanden die Gebäude des demontierten Reichsbahnkraftwerkes Muldenstein dem Raw Halle (Saale). Ab 1. September 1952 war die Werkabteilung Muldenstein wieder eine eigenständige Dienststelle.

Nach der Gattungsbereinigung im Frühjahr 1947 zählten zunächst nur die Tenderloks der Baureihen 93.0–4 (ex preußische T 14), 93.5–12 (ex preußische T 14.1),

Blick über den Zaun des Raw Halle (Saale): Im Sommer 1966 wartete die frisch lackierte 91 375 des Bw Rostock auf ihre Rückfahrt an die Ostseeküste. *Foto: H. Constabel, Slg. D. Endisch*

94.2–4 (ex preußische T 16), 94.5–18 (ex preußische T 16.1) sowie die ehemaligen Privatbahn-Maschinen der Baureihe 93.64–66 zum Erhaltungsbestand des Raw Halle (Saale). Später folgten die Baureihen 78.0–5 (ab 1956), 83.10 (ab 1956) sowie die Dreikuppler der Baureihen 89.2 und 89.60–66/89.70–75 (ab 1960), bevor das Werk Anfang der 1960er-Jahre weitere Tenderlokomotiven übernahm. Die HvRaw verlagerte in den Jahren 1962/63 die Unterhaltung der Tenderloks der Baureihen 74.0–3 (ex preußische T 11), 74.4–12 (ex preußische T 14), 91.0–1 (ex preußische T 9.1), 91.3–18 (ex preußische T 9.3) sowie der ehemaligen Privatbahn-Maschinen der Baureihe 91.61–67 von Tempelhof zum Raw Halle (Saale). Das Raw Halle (Saale) war ab 1. Januar 1964 auch für die zuvor dem Raw Karl-Marx-Stadt zugeordneten Baureihen 64, 75.5, 75.4, 10–11 zuständig. Ein Jahr später folgten die Baureihe 92.5–10 (ex preußische T 13) sowie die ehemaligen Privatbahn-Maschinen der Baureihe 92.61–68 (ex Raw Cottbus), bevor ab 1. Januar 1967 auch die Schlepptender-Maschinen der Baureihe 56.20–29 in der Saalestadt repariert wurden. Außerdem arbeitete das Werk, das seit dem 7. Juni 1961 den Namen »Ernst Thälmann« (siehe Kasten S. 52) trug, regelspurige Dampfloks für Werk- und Anschlussbahnen auf.

In der Zwischenzeit hatte sich aber das Produktionspro-

Hinter der Werklok »89 4937« des Raw Halle (Saale) verbarg sich die ehemalige 89 7260. Die Maschine stand ab 5. Juni 1926 in Diensten des Ausbesserungswerkes. Erst in der zweiten Hälfte der 1960er-Jahre hatte die Lok ausgedient. Foto: Slg. D. Endisch

fil des Raw Halle (Saale) geändert. Am 1. Januar 1966 begann hier mit den ehemaligen Wehrmachtsmaschinen der Baureihe V 36 das Zeitalter der Diesellok-Unterhaltung. Ab 1. Juli 1967 betreute das Werk auch die Rangierloks der Baureihe V 15.10/V 15.20, denen 1968 die Maschinen der Baureihe V 23.0 folgten. Mit der Fertigstellung der 78 503 endete am 10. Dezember 1968 die Dampflok-Erhaltung in Halle (Saale). Das Werk hatte seit 1945 insgesamt 12.197 Maschinen instand gesetzt.
Die dadurch freigesetzten Fertigungskapazitäten konnte die DR durch die Verlagerung der Kleinlok-Unterhaltung (ab 01.01.1969) aber nur teilweise auslasten. Aus diesem Grund baute das Raw Halle (Saale) ab 1. März 1970 im Auftrag des VEB Waggonbau Ammendorf Drehgestelle für sowjetische Weitstreckenwagen (bis 1991). Außerdem wurden in den Jahren 1970/71 in der Saalestadt etwa 230 Bahndienstwagen modernisiert. Gleichwohl war das Raw Halle (Saale) im Gegensatz zu anderen Ausbesserungswerken Anfang der 1970er-Jahre noch nicht gänzlich ausgelastet. Aus diesem Grund verlagerte die Rbd Aw einen Teil der Arbeiten an der Baureihe 105/106.2–9 in die Saalestadt (bis 1990). Außerdem arbeitete das Werk Zylinderköpfe für die Baureihen 130, 131 und 132 auf und übernahm kurzfristige Aufträge von anderen Dienststellen. Gleichwohl bestimmten über Jahre hinweg die kleinen

Ab 1. Mai 1980 gehörten die als »Ferkeltaxen« bekannten Triebwagen der Baureihe 171/172 zum Erhaltungsbestand des Raw Halle (Saale). 171 005, hier im Bf Stendal, wurde im Frühjahr 1993 im Raw Halle (Saale) modernisiert. Foto: Slg. U. Oswald

Rangier-Maschinen der Baureihen 100, 101, 102.0, 102.1 und 103 sowie Werkloks, darunter auch die aus der CSSR importierten Reihen T 211.1/T 211.1 und T 334.0, das Bild auf dem Gelände des Raw Halle (Saale). Von 1975 bis 1982 erhielten insgesamt 225 DR-Maschinen der Baureihe 101 neue Motoren und Getriebe (Baureihe 101.5–7). Auch einige Werkbahnen ließen hier ihre Loks entsprechend umbauen.

Am 1. Mai 1980 übernahm das Raw Halle (Saale) die Erhaltung der als »Ferkeltaxen« bekannten Triebwagen der Baureihe 171/172. Die Dieselmotoren bereiteten den Schlossern keine Probleme, da die Aggregate auch bei den Baureihen 101 und 102.0/102.1 Verwendung fanden. Es dauerte allerdings einige Zeit, bis die Instandsetzung der Elektroschaltgetriebe und der Achswendegetriebe reibungslos funktionierte. Ab Mitte der 1980er-Jahre verließen durchschnittlich rund 550 Triebfahrzeuge das Raw Halle (Saale).

Die Wende in der DDR und die deutsche Wiedervereinigung hatten schwerwiegende Folgen für das Ausbesserungswerk, das im Herbst 1990 rund 1.500 Beschäftigte zählte. Mit dem Zusammenbruch des Güterverkehrs auf den Strecken der DR nahm auch der Bedarf an Rangierloks deutlich ab. Für das Raw Halle (Saale) bedeutete dies einen Abbau von Werkstattkapazitäten und Personal. Bereits 1992 endete die Erhaltung der Baureihe 310 (ex Baureihe 100). Ein Jahr später strich die DR die Baureihen 311 (ex Baureihe 101) und 312.0 (ex Baureihe 102.2) aus dem Unterhaltungsbestand. Dieses Schicksal ereilte 1994 auch die Baureihe 312.1 (ex Baureihe 102.1). Damit war das Werk Halle (Saale) nur noch für die Instandhaltung der Triebwagen der

Die Werklokomotiven des Raw Halle (Saale)

Betriebs-Nr.	Bauart	Hersteller	Baujahr	Fabrik-Nr.	DR-Nr.	Bemerkungen
89 4937	Cn2t	Henschel	1898	4.937	ex 89 7260	ab 05.06.1926; + ?
WL 1	1´Cn2t	Borsig	1898	4.728	ex 91 037	ab 08.03.1928; + ?
WL 1^II	Dn2t	Henschel	1921	17.812	ex 92 6105	an Riesengebirgsbahn AG geliefert; ab 31.08.1956; + ?
WL 2	1´Cn2t	Henschel	1909	9.177	ex 91 1138	ab 1935; 1945 an SMAD
WL 2^II	Ch2t	Union-Gießerei	1927	2.799	ex 80 009	ab 18.09.1963; 1969 an Raw Leipzig-Engelsdorf
WL 3	Eh2t	BMAG	1912	4.942	ex 94 417	ab 02.03.1938; 1945 an SMAD
WL 3^II	Cn2t	Henschel	1910	10.038	ex 89 6140	pr. T 3; an Kleinbahn AG Gardelegen-Neuhaldensleben geliefert; + 31.05.1956; + 07.09.1965
WL 4	1´Ch2t	Borsig	1914	8.873	ex 74 1033	ab 26.06.1964; + ?
WL 5	Eh2t	BMAG	1922	7.789	ex 94 1355	ab 27.05.1965; + 1968
WL 5^II	D-dh	LEW Hennigsdorf	1968	12.233	-	Typ V 60 D; Abnahme am 23.12.1968; 2002 an Nordfriesische Verkehrsbetriebe AG
WL 6	B-dm	Windhoff	1936	327	ex 100 044-7	ab 01.02.1971; + ?
WL 7	B-dm	O & K	1934	20.433	ex 100 928-0	Typ RL 7E; 1946 an DR; ab 01.01.1974; + ?
WL 8	B-dm	Gemeinder	1935	1.182	ex 100 078-5	ab 01.12.1977; + ?
WL 8^II	B-dm	Gemeinder	1938	2.013	ex 100 085-0	ab 1979; + ?

Baureihe 771/772 (ex Baureihe 171/172) verantwortlich. Da die »Ferkeltaxen« ab 1992 gründlich modernisiert wurden, konnten so noch einige Zeit Arbeitsplätze gesichert werden. Gleichwohl verringerte die DB AG systematisch die Belegschaft, zu der im Herbst 1994 nur noch rund 480 Männer und Frauen zählten. Mit der Abnahme des letzten hauptuntersuchten Triebwagens (772 155) am 20. Dezember 1996 war die Schließung des ehemaligen Raw Halle (Saale) nur noch eine Frage der Zeit. Die DB AG ließ hier lediglich noch Unfallfahrzeuge reparieren oder kleine Ausbesserungen erledigen. Als das Werk am 1. Januar 1998 dem GB Nahverkehr zugeordnet wurde, wies der Stellenplan noch rund 260 Mitarbeiter aus. Als letzte DB AG-Maschinen erhielten 312 011 und 312 018 Anfang 1998 im Werk Halle (Saale) eine Hauptuntersuchung. Zu diesem Zeitpunkt war die Schließung des Ausbesserungswerkes bereits beschlossene Sache. Allerdings konnte der ursprüngliche Termin (31.03.1998) nicht eingehalten werden. Die 1995 wieder aufgenommene Drehgestellfertigung wurde am 1. Mai 1998 privatisiert und firmierte nun als »Eisenbahn-Laufwerk Halle GmbH & Co. KG«. Das Unternehmen nutzte aber ab August 1998 einen anderen Standort. Die rund 120 verbliebenen Mitarbeiter räumten die Gebäude

Ernst Thälmann

Ernst Thälmann wurde am 16. April 1886 in Hamburg geboren. Nach dem Besuch der Volksschule arbeitete er zunächst im Hamburger Hafen, bevor er ab 1904 für einige Jahre zur See fuhr und sich 1910 kurzzeitig in der Nähe von New York als Landarbeiter verdingte. Bis zu seiner Einberufung zum Militär Anfang 1915 arbeitete er wieder in Hamburg, zuletzt als Kutscher für eine Wäscherei. Bereits 1903 war er der SPD beigetreten, bevor er Ende 1918 zur USPD wechselte. Als Vorsitzender der Hamburger USPD sprach sich Thälmann für eine Vereinigung mit der KPD aus, in deren Zentralausschuss er im Dezember 1920 gewählt wurde. Ernst Thälmann gehörte zu den Organisatoren des Hamburger Aufstandes (23.–25.10.1923), nach dessen Scheitern er untertauchen musste. Ab Februar 1924 war er stellvertretender Vorsitzender der KPD, für die er ab Mai 1924 im Reichstag saß. Nur wenige Monate später, am 1. Februar 1925, übernahm er die Führung des Roten Frontkämpferbundes, bevor er am 1. September 1925 zum Vorsitzenden der KPD aufstieg. In dieser Funktion ging er ab 1929 zu einem scharfen Konfrontationskurs gegen die SPD über. Erst nachdem die Nationalsozialisten am 30. Januar 1933 die Macht übernommen hatten, schlug er der SPD ein gemeinsames Vorgehen vor. Bereits am 3. März 1933 wurde Thälmann verhaftet. In der Folgezeit wurde er mehrfach von der Geheimen Staatspolizei (Gestapo) vernommen und dabei auch misshandelt, um belastendes Material für einen Hochverratsprozess zu sammeln. Da die Staatsanwaltschaft dieses Ziel aber nicht erreichte, wurde die Untersuchungshaft am 1. November 1935 formal aufgehoben und Thälmann als so genannter Schutzhäftling an die Gestapo übergeben. Diese verlegte ihn von Berlin-Moabit in das Gerichtsgefängnis Hannover und später nach Bautzen. Nach elf Jahren Einzelhaft wurde Ernst Thälmann am 18. August 1944 im KZ Buchenwald ermordet.

und Werkhallen. Die meisten Anlagen, Maschinen und Vorrichtungen wurden dabei verschrottet. Nach der offiziellen Schließung des Werkes am 31. Dezember 1998 wurden die letzten Eisenbahner auf die Werke Dessau und Kassel verteilt bzw. zur Regio-Werkstatt in Halle (Saale) versetzt.

2.7 Das Raw Meiningen

Das Raw Meiningen war das letzte Ausbesserungswerk der DR, das regelspurige Dampflokomotiven instand setzte. Heute ist Meiningen als eine der letzten Dampflok-Werkstätten bei Eisenbahnfreunden im In- und Ausland weithin bekannt. Die Geschichte der Dienststelle begann mit der »Werra Eisenbahn-Gesellschaft« (WEG), die 1858 ihre Stammstrecke Eisenach–Meiningen–Eisfeld–Coburg einweihte. Die Betriebsführung oblag zunächst der Thüringischen Eisenbahn-Gesellschaft (ThEG), die die Lokomotiven und Wagen der WEG in ihrer Hauptwerkstatt in Erfurt unterhielt. Mit dem Anstieg der Beförderungsleistungen und dem Kauf neuer Fahrzeuge waren die Kapazitäten der Werkstatt in Erfurt alsbald erschöpft. Zudem schlugen die Überführungen von und nach Erfurt mit erheblichen Kosten zu Buche. Aus diesen Gründen beschloss der Vorstand der WEG, östlich des Meininger Bahnhofsgebäudes eine eigene Zentralwerkestätte zu errichten. Bereits im Herbst 1863 begannen die Bauarbeiten. Innerhalb nur weniger Wochen konnte die Kesselschmiede fertiggestellt werden. Bis 1865 folgten neben der eigentlichen Werkstatt u.a. noch ein Magazin und ein Lackierschuppen. Zu diesem Zeitpunkt waren hier rund 140 Arbeiter beschäftigt. Die Preußische Staatsbahn, die 1882 die Betriebsführung auf den Strecken der WEG übernahm, unterteilte die Zentralwerkestätte in eine Betriebswerkstätte (Bwst),

Anfang der 1980er-Jahre bestimmten noch Dampfloks das Bild im Raw Meiningen. In der Richthalle standen im Herbst 1981 u.a. 50 3650, 50 3683 und 44 390 (v.r.). *Foto: Leyer, Slg. G. Schütze*

das spätere Bahnbetriebswerk (Bw) Meiningen, und eine Nebenwerkstatt (NW), deren Anlagen schrittweise erweitert wurden. Die Werkstatt besaß im Jahr 1900 insgesamt 26 Stände für die Waggon- und Lokinstandsetzung. 1901 erhielt die NW Meiningen zwei moderne Hebekräne. Am 1. April 1902 besaß die Dienststelle den Status einer eigenständigen Hauptwerkstatt, die 1904 eine neue Gießerei und eine Kupferschmiede erhielt. Zu diesem Zeitpunkt waren in der HW Meiningen etwa 350 Arbeiter und Beamte tätig.

Allerdings erwies sich die Anlage inzwischen als zu klein. Aufgrund der Lage am Berg konnte die Werkstatt nicht erweitert werden. Die Preußische Staatsbahn entschied sich daher für einen Neubau am Westhang des Drachenberges. Die Arbeiten dazu begannen offiziell am 1. Oktober 1910. Die Planer hatten sich für die Hanglage entschieden, um das Werk vor dem Hochwasser der Werra zu schützen. Der Mehraufwand war jedoch beträchtlich: Um das notwendige Bauland zu schaffen, mussten zunächst rund 245.000 m^3 Erdreich abgetragen werden, das aber auf der Talseite aufgeschüttet wurde. So konnten mehr als 140.000 m^2 Fläche geschaffen werden. Gleichwohl schritten die Arbeiten an der neuen HW Meiningen zügig voran. Am 2. März 1914 weihte die Preußische Staatsbahn die neue Anlage ein. Sie galt damals als eine der modernsten Hauptwerkstätten in Deutschland. Die alten Gebäude am Bahnhof nutzte fortan die Bwst Meiningen.

Das Aufgabengebiet der 490 Werkstätteneisenbahner war vielfältig: Neben Personen- und Güterzug-Schlepp-

Im Anheizschuppen des Raw Meiningen wurde am 30. August 1975 die ölgefeuerte 44 167 für die Rückfahrt nach Wittenberge vorbereitet. Für die Überführungen von und zu den Ausbesserungswerken waren die Heimatbahnbetriebswerke verantwortlich. *Foto: G. Schütze*

tendermaschinen sowie Tenderloks unterhielt die HW Meiningen auch Zahnrad-Maschinen (Gattung T 26) sowie Schmalspurloks (Gattungen T 31, T 32, T 33 und T 35). Außerdem wurden Personen- und Güterwagen repariert. Bis Ende 1914 stockte die Preußische Staatsbahn die Belegschaft auf rund 800 Mitarbeiter auf. Am Ende des Ersten Weltkrieges hatte sich die Anzahl der Beschäftigten schließlich verdoppelt. Doch bereits 1921 begann die Reichsbahn damit, Personal abzubauen. Mit der Schließung der Wagenabteilung am 31. März 1927, deren Aufgaben nun das RAW Gotha übernahm, war die Streichung von rund 500 Planstellen verbunden. Fortan waren im RAW Meiningen noch etwa 1.100 Arbeiter und Beamte beschäftigt. Doch mit der im Herbst 1929 beginnenden Weltwirtschaftskrise waren abermals Entlassungen verbunden. Im Sommer 1933 wies der Stellenplan des Werkes nur noch einen Bedarf von 760 Mitarbeitern aus. Damit galt das RAW Meiningen als eines der kleineren Ausbesserungswerke der DRG. Der Unterhaltungsbestand umfasste lediglich 358 Maschinen. Dazu gehörten in erster Linie die Baureihen 58, 78.0–5, 93.0–4, 93.5–12 und 95.0. Außerdem setzte das Werk einige Einheitsloks der Baureihen 02, 43 und 44 instand. Später folgten die Baureihen 01 (ab 1935), 03 (ab 1934) und 84 (ab 1936). Außerdem betreute das RAW Meiningen die meterspurigen Dampfloks der Baureihen 99.18 und 99.22. Ab 1933 wurden in der alten Wagenhalle auch Kraftfahrzeuge repariert. Erst ab 1934 stieg die Zahl der Maschinen wieder an und das Werk konnte weitere Schlosser einstellen.

Während des Zweiten Weltkrieges erreichte das Werk seine Leistungsgrenze. 1943 umfasste der Unterhaltungsbestand 556 Maschinen. Dazu gehörten seit 1940 auch die modernen Stromliniendampfloks der Baureihen 01.10 und 03.10. Nach dem seit Beginn des Zweiten Weltkrieges zahlreiche Eisenbahner im Feld standen, wurden seit 1940/41 auch Kriegsgefangene und Zwangsarbeiter, u.a. aus Belgien, Frankreich, Italien, Polen und der Sowjetunion, im RAW Meiningen eingesetzt. Das Werk blieb trotz eines Bombenangriffs auf die Stadt am 23. Februar 1945 von Zerstörungen verschont. Nach dem Einmarsch der US-Armee am 6. April 1945 in Meiningen ruhte zunächst die Arbeit, die erst am 23. April 1945 wieder aufgenommen wurde. Nachdem die Amerikaner Meiningen am 6. Juli 1945 geräumt hatten, gehörte die Stadt zur SBZ. Nur wenige Tage später, am 10. Juli 1945, setzte die SMAD einen Kommandanten für das Raw Meiningen ein, das zu diesem Zeitpunkt etwa 2.500 Beschäftigte zählte. Angesichts des großen Lokbedarfs bei der DR, wurden die Fertigungskapazitäten voll ausgeschöpft. Bereits am 1. Mai 1947 verließ 03 028 als 1.000ste nach Kriegsende ausgebesserte Lok das Werk, dessen Belegschaft nun mit rund 3.000 Männern und Frauen ihren Höchststand erreicht hatte.

Nach der Gattungsbereinigung im Frühjahr 1947 zählten die Baureihen 01, 03, 03.10, 38.10–40, 43, 44, 58, 78.0–5, 93.5–12 und 95.0 sowie die Heizkesselwagen, Dampfschneeschleudern und Schneepflüge der DR zum Erhaltungsbestand des Raw Meiningen. Doch bereits 1951 gab das Werk die Baureihen 03 und 03.10 an das Raw Chemnitz sowie die Baureihe 58 an das Raw Zwickau (Sachsen) ab. Im Gegenzug übernahm Meiningen die Baureihen 39.0–2 und 62. Die meterspurigen Schmalspurloks wechselten am 1. Januar 1955 zum Raw Schlauroth. Die Baureihe 78.0–5 ging an das Raw Halle (Saale). Trotz dieser Abgaben war das Werk voll ausgelastet. Insgesamt 511 Maschinen wurden 1955 ausgebessert.

Am 4. Mai 1951 ereignete sich das schwerste Unglück in der Geschichte des Raw Meiningen: Gegen 13.30 Uhr explodierte im Anheizschuppen der Kessel der 95 6679. Der Dampferzeuger wurde vom Rahmen gerissen, durchschlug das Dach des Schuppens, überschlug sich auf der dahinterliegenden Ernststraße und landete im Garten des benachbarten Krankenhauses. Elf Menschen wurden getötet und 30 Eisenbahner zum Teil schwer verletzt. Als Ursache für die Katastrophe ermittelten Polizei und Staatsanwaltschaft das defekte Kesseldruckmanometer sowie Mängel an der Feuerbüchse und den Stehbolzen. Darüber hinaus war die Lok beim erstmaligen Anheizen ohne Prüfmanometer ausgerüstet. Vier Beschäftigte wurden verhaftet, von denen zwei im Februar 1952 zu Haftstrafen von fünf bzw. acht Jahren verurteilt wurden.

Eine wichtige Rolle spielte das Raw Meiningen beim groß angelegten Rekonstruktions-Programm der DR. Die Ära der Reko-Maschinen begann mit der Modernisierung der Baureihe 39.0–2 zur Baureihe 22, deren erstes Exemplar am 6. Mai 1958 der Fahrzeug-Versuchsanstalt (FVA) Halle (Saale) übergeben wurde. Das Raw Meiningen rüstete die Baureihe 22 u.a. mit einem neuen Kessel und neuen geschweißten Zylindern aus. Bereits im Herbst 1955 hatte das Werk erstmals Stahlschweißzylinder bei der 62 012 erprobt. Diese bewährten sich hervorragend, so dass später neben den Reko-Maschinen der Baureihen 01.5 und 19.0 auch Loks der Baureihen 44 und 95.0 neue Schweißzylinder erhielten.

Im Herbst 1958 begann schließlich die Modernisierung der Baureihe 03.10. Als erste ihrer Gattung verließ 03 1010 am 10. Februar 1959 das Raw Meiningen. Dort begann im November 1960 der Umbau der 61 002 zur Schnellfahrlok 18 201. Diese absolvierte am 5. Mai 1961 ihre Abnahmefahrt. Zu diesem Zeitpunkt liefen bereits die Vorarbeiten für die Rekonstruktion der Baureihe 01, deren Prototyp 01 501 am 30. April 1962 fertiggestellt

Am 30. August 1975 herrschte Hochbetrieb auf den Gleisen des Raw Meiningen. 41 264 (Bw Stendal), 65 1015 (Bw Altenburg) und 58 3021 (Bw Riesa, v.l.) warteten auf die Abholung durch die Personale ihrer Heimatdienststellen. *Foto: Slg. G. Schütze*

wurde. Außerdem übernahm das Raw Meiningen die Modernisierung der für die Versuchs- und Entwicklungsstelle der Maschinenwirtschaft (VES-M) Halle (Saale) bestimmten 19 015 (Abnahme am 10.02.1964) und 19 022 (Abnahme 31.03.1965). Nur wenige Wochen später, am 25. Mai 1965, endete mit 01 535 offiziell die Rekonstruktion von Dampfloks in Meiningen.

Doch das Werk arbeitete nicht nur Dampfloks auf oder modernisierte sie. Das Raw Meiningen übernahm auch andere Aufträge, wie z.B. 1960 die Fertigung von dreiachsigen Drehgestellen für die Eisenbahndrehkräne der Typen EDK 25 und EDK 50.

Wenig später begann das Raw Meiningen damit, verschiedene Dampfloks mit einer Ölhauptfeuerung auszurüsten. Während 44 1595 (Umbau am 18.10.1961) noch als Erprobungsmuster diente, waren 44 195 (Umbau am 24.03.1963) und 44 689 (Umbau am 13.07.1963) die ersten beiden Maschinen der Serienausführung. Bis 1968 erhielten schließlich Loks der Baureihen 01.5 (28 Loks), 03.10 (13 Loks), 19.0 (2 Loks), 44 (94 Loks) und 95.0 (18 Loks) sowie die Schnellfahrloks 18 201 und 18 314 eine Ölhauptfeuerung. Zwischen 1970 und 1973 wurden noch einmal drei Maschinen der Baureihen 03.10 und sechs Exemplare der Baureihe 95.0 umgebaut.

Die HvRaw beauftragte 1963 das Raw Meiningen mit der Unterhaltung der Baureihe 41. Doch der Hubstand war für die 1′D1′h2-Maschinen zu kurz, so dass die Führerhäuser demontiert werden mussten. Der Hubstand wurde daraufhin umgebaut und am 17. Februar 1964 wieder in Betrieb genommen. Die Unterhaltung der Baureihe 41 wurde allerdings 1964 an das Raw Cottbus abgegeben. Damit gehörten weiterhin die

Die Werklokomotiven des Raw Meiningen						
Betriebs-Nr.	Bauart	Hersteller	Baujahr	Fabrik-Nr.	DR-Nr.	Bemerkungen
805-73/1	1´Bn2t	Henschel	1891	3.048	(70 7007)	pr. T 4.1; ab 07.12.1925; z 1946; + 03.11.1953
805-73/2	Cn2t	Henschel	1884	1.800	ex 89 7011	ab 21.02.1934; an Raw Cottbus
»Gerät«	B-dm	Krauss-Maffei	1932	15.336	ex Kö 4053	ab 09.03.1937; + 1979
WL 1	Ch2t	Hohenzollern	1928	4.567	ex 80 002	leihweise ab 11.08.1948; ab 08.07.1954; z 13.12.1977; + 1978; ++ 27.01.1979 Raw Meiningen
WL 1^{II}	B-dh	LKM Babelsberg	1962	261.089	ex 101 171-7	Typ V 18 B; leihweise ab 01.07.1978; am 29.12.1979 Umbau zu 101 623-3; ab 01.01.1980; 1994 abgestellt
WL 2	Dh2t	Krauss	1923	8.186	ex 98 862	ab 1953; 1958 abgestellt; 1965 an Raw Leipzig-Engelsdorf
WL 2^{II}	Ch2t	Wolf	1927	1.231	ex 80 017	ab 16.10.1963; auch als »805.80.03« bezeichnet; am 18.08.1978 abgestellt; + 1980; ++ 23.12.1980–05.01.1981 Raw Meiningen
WL 2^{III}	B-dm	BMAG	1937	10.502	ex 100 785-5	ab 26.11.1982; 1994 abgestellt
WL 3	Cn2t	La Croket Haine	1944	2.551	ex 89 2551	ab 1954; + ?
WL 3^{II}	B-dh	LKM Babelsberg	1967	261.551	-	Typ V 18 B; an Raw Potsdam geliefert; ab 1978; + ?
WL 4	B-dm	Gmeinder	1933	889	ex Kö 0029	ab 1955; + 30.04.1962; ++ 04.06.1962
WL 4^{II}	B-dm	Gmeinder	1940	3.187	ex Kö 0303	Typ N 50; geliefert an Erla Maschinenwerke Leipzig; 1957 an DR; Umbau Raw Dessau 05.03.1962; + 1982
WL 5	B-dm	LKM Babelsberg	1962	252.371	-	Typ V 10 B; 1990 an Lokreparaturwerk Tharandt
310 279-5	B-dm	O & K	1934	20.273	ex 310 279-5	ab 05.04.1994
311 632-4	B-dh	LKM Babelsberg	1962	261.092	ex 311 632-4	Typ V 18 B; ab 01.04.1994

Baureihen 01.0–2, 01.5, 03.10, 19.0, 22, 44, 44Öl, 44Kst, 62 und 95.0 sowie die Einzelstücke 18 201 und 18 314 zum Erhaltungsbestand des Raw Meiningen. Erst mit dem fortschreitenden Traktionswechsel in der zweiten Hälfte der 1960er-Jahre und der Ausmusterung der kohlegefeuerten Loks der Baureihe 44 wurden in Meiningen wieder Fertigungskapazitäten frei. Dies führte am 1. Januar 1968 zur Übernahme der Baureihen 03 und 41 vom Raw Cottbus. Ein Jahr später folgten aus dem Raw Zwickau (Sachsen) die Baureihen 58 und

58.30. Am 1. Januar 1970 gab das Raw Meiningen im Tausch gegen die Baureihe 65.10 abermals die Baureihe 41 nach Cottbus ab. Zu diesem Zeitpunkt rüstete das Raw Meiningen die Baureihe 03 mit altbrauchbaren Reko-Kesseln der Baureihe 22 aus. Als Baumuster diente 03 151 (Abnahme am 03.02.1969), der bis 1975 weitere 51 Maschinen folgten.

Im Raw Meiningen, das ab 1. Oktober 1969 den Namen »Helmut Scholz« (siehe Kasten S. 59) trug, waren 1970 rund 1.380 Eisenbahner beschäftigt. Diese setzten 580 Maschinen instand. Doch Anfang der 1970er-Jahre war kaum zu übersehen, dass die Dampftraktion an Bedeutung verlor. Nach der Übernahme der Baureihen 35.10 und 41 sowie der letzten Tenderloks der Baureihen 86, 94.5–18 und 94.20 aus dem Raw Cottbus (01.07.1973) unterhielt die DR mit Meiningen und Stendal nur noch zwei Ausbesserungswerke für Regelspurdampfloks. Aus der Altmark wechselten am 1. Januar 1976 die Baureihen 50 und $50^{\text{Öl}}$ in den Erhaltungsbestand des Raw Meiningen, das ab 1. Januar 1977 auch für die Baureihe 50.35 verantwortlich war. Trotz dieser Maßnahmen konnte die Werkstatt in Thüringen nicht mehr ausgelastet werden. 1978 verließen nur noch 380 Dampfloks das Raw Meiningen. Nach der Übernahme der Baureihe 52.80 (01.01.1980) war Meiningen das letzte Dampflok-Raw der DR.

Vor dem Hintergrund dieser Entwicklung entschied die Rbd Aw, das Werk in die Unterhaltung der als »Ferkeltaxen« bekannten Triebwagen der Baureihe 171/172 einzubinden. Damit konnten rund 300 Planstellen erhalten werden. Die Triebwagen-Instandhaltung begann im Frühjahr 1976. Sie endete aber nach nur vier Jahren.

Dies war in erster Linie der Energiekrise in der DDR geschuldet. Mit dem Anstieg des Ölpreises war die DR ab 1979 gezwungen, kohlegefeuerte Dampfloks für die Zugförderung zu reaktivieren. Das Raw Meiningen musste nun wieder verstärkt Maschinen der Baureihen 41, 50, 50.35, 52 und 52.80 aufarbeiten. 1981 reparierten die Eisenbahner 437 Maschinen. Zudem wurden seit März 1978 nicht mehr benötigte Tender der Bauart 2′2′T 34 zu Schneepflügen der Bauart Meiningen (SPM) umgebaut. Darüber hinaus sollte das Raw Meiningen ab 1981 auch Zementwagen (Gattung Ucv) in den Schadgruppen G 0 (Bedarfsausbesserung), G 2 (Jahresuntersuchung) und G 4 (Hauptuntersuchung) instand setzen. Um die dafür notwendigen Kapazitäten zu gewinnen, gab die DR die Triebwagen-Unterhaltung in Meiningen 1980 auf und schränkte die Dampflokausbesserung bereits 1982 wieder deutlich ein. Diese Entwicklung zeigte sich schon 1983: Das Werk arbeitete nur noch 240 Dampfloks dafür aber fast 1.700 Zementwagen in den Schadgruppen G 2 und G 4 sowie rund 600 Ucv-Wagen in der Schadgruppe G 0 auf. Zwei Jahre später war die Wageninstandsetzung das wichtigste Standbein des Werkes. Daran konnte auch die 1983 aufgenommene Fertigung von Dampfspeicherloks des Typs FLC nichts ändern. Die erste Maschine wurde am 21. Dezember 1983 übergeben. Bis zum März 1988 verließen insgesamt 202 Exemplare das Werk, dessen Produktion ab Mitte der 1980er-Jahre zusehends zersplitterte und damit immer unwirtschaftlicher wurde. Immer neue Produktionslinien entstanden, wie z.B. Ende 1986 die Fertigung von Drehgestellrahmen für die S-Bahn-Triebwagen der Baureihe 270 (bis 1990). Außerdem wurden Drehgestelle für die Berliner U-Bahn, Untergestelle für die offenen Güterwagen der Gattung Eas und Weichenantriebe hergestellt. Die Dampflokreparatur spielte kaum noch eine Rolle und endete schließlich mit der Abnahme der 50 3576 am 31. März 1988. Fortan wurden in Meiningen nur noch Museumsdampfloks betriebsfähig aufgearbeitet. Bei den als Wärmespender benötigten Maschinen (Dampfspender und fahrbare Heizloks) erhielten hingegen nur noch die Kessel eine Revision.

Nach dem Ende der Dampflokzeit wollte die Rbd Aw das Raw Meiningen, das 1989 rund 1.400 Beschäftigte zählte, in einen so genannten Zentralen Rationalisierungsmittelbau umwandeln. Doch der politische und wirtschaftliche Wandel in den Jahren 1989/90 vereitelte das Vorhaben. Mit dem Niedergang des Schienenverkehrs mussten auch im Raw Meiningen ab Herbst 1990

Produktionskapazitäten und Personal abgebaut werden. Zwar gewann die Dampflokreparatur durch Kunden aus dem In- und Ausland an Bedeutung, doch bis Ende 1992 mussten über 300 Eisenbahner das Werk verlassen. Nach der Gründung der DB AG wurde der Personalabbau noch forciert. Ende 1994 zählte das Werk Meiningen lediglich noch 670 Mitarbeiter. Die DB AG gab zwar 1995 eine Bestandsgarantie für das Werk, dieses musste aber immer weiter rationalisieren. Ab 1998 beschäftigte das »Dampflokwerk Meiningen« (DLW), so die offizielle Bezeichnung seit dem 1. Juli 1997, nur noch rund 140 Männer und Frauen. Sechs Jahre später waren aber nur etwa 60 % der Produktionskapazität mit der Instandhaltung von Dampfloks ausgelastet. Inzwischen setzte das DLW u.a. auch Notfall- und Schneeräumtechnik der DB AG, Elektro- und Dieselloks sowie Wagen instand. Außerdem entstanden in Meiningen Neubau-Dampfloks. Die für die Mecklenburgische Bäderbahn »Molli« GmbH & Co. KG bestimmte 99 324 verließ das Werk am 5. März 2009. Zu diesem Zeitpunkt lief die Endmontage der sächsischen Schmalspurmaschine Nr. 54 (Gattung I K), die am 25. Juni 2009 verladen wurde. Im Sommer 2016 blickt das traditionsreiche Dampflokwerk in eine gesicherte Zukunft.

Helmut Scholz

Helmut Scholz, geboren am 28. Oktober 1924 im sächsischen Wingendorf, erlernte den Beruf des Lokschlossers, bevor er als Heizer und Lokführer tätig war. Nach seiner Auszeichnung als »Verdienter Eisenbahner« im Jahr 1951 machte Scholz, der Mitglied der SED war, bei der DR schnell Karriere. 1952 wurde er zum Direktor des Raw Meiningen berufen. Von 1955 bis 1957 studierte er am Industrieinstitut der Hochschule für Verkehrswesen, das er als Diplom-Ingenieurökonom verließ. Ab 1958 war Helmut Scholz Mitglied des Verkehrsstabes der Staaten des Warschauer Vertrages, bevor er 1959 zum Staatssekretär im Ministerium für Verkehrswesen (MfV) und zum ersten Stellvertreter des Generaldirektors der DR berufen wurde. 1963 wurde Scholz Mitglied des ZK der SED und galt seither als Nachfolger von Erwin Kramer (siehe S. 84). Helmut Scholz verstarb am 20. März 1967 bei einem Unfall auf der Autobahn in der Nähe von Erfurt.

2.8 Das Raw Stendal

Die Anfänge des Werkes reichen zurück bis in das Jahr 1872, als die Magdeburg-Halberstädter Eisenbahn-Gesellschaft (MHE) mit rund 170 Beschäftigen in Stendal die Reparatur von Lokomotiven und Wagen aufnahm. Parallel dazu begann die MHE vor dem Tangermünder Tor auf dem Gelände des 1871 aufgelassenen ehemaligen Wittenberger Bahnhofs mit dem Neubau einer so genannten Centralwerkstatt, die am 18. Oktober 1873 eingeweiht wurde. Obermaschinenmeister Focke leitete die Hauptwerkstatt, die 461 Beschäftigte zählte. In den folgenden Jahren nahm die Zahl der Arbeiter und Beamten schrittweise zu.

Ab 1. Februar 1880 oblag der Preußischen Staatsbahn die Betriebsführung auf den Strecken der MHE. Dies galt auch für die Centralwerkstatt, die fortan als »Hauptwerkstatt« bezeichnet wurde und angesichts der stetig wachsenden Aufgaben immer wieder erweitert werden musste. Zwischen 1903 und 1912 investierte die Preußische Staatsbahn erhebliche Summen in das Werk. Baurat J. Alexander, der von 1904 bis 1911 der Hauptwerkstatt vorstand, führte 1906 die elektrische Beleuchtung ein. Außerdem wurden Maschinen fortan nicht mehr von einer Dampfmaschine über Transmissionen, sondern von elektrischen Motoren angetrieben. Große Bekanntheit erlangte Baurat Alexander durch sein erstmals 1913 publiziertes Fachbuch »Die Lokomotive – ihr Bau und ihre Behandlung«, das in mehreren Auflagen erschien

Im Sommer 1975 bestimmten zwar noch die Dampfloks der Baureihen 50, 50.35, 50.40, 50Öl, 52, 52.80 und 52Kst das Bild in der Richthalle des Raw Stendal, doch bis Jahresende wurden bereits 21 Dielselloks der Baureihe 110 aufgearbeitet. *Foto: H. Wasserroth, Slg. G. Schütze*

und über Jahrzehnte ein unverzichtbares Nachschlagewerk für Lokführer war.

Baurat Alexander trieb die Modernisierung des Werkes zielstrebig voran. Unter seiner Leitung entstanden u.a. eine neue Kesselschmiede (spätere Hallen 23 und 24) und eine Tenderwerkstatt. Außerdem wurde die Schmiede erweitert und die Richthalle vergrößert (spätere Hallen 2 und 3). In dieser Zeit wurden auch der heute noch erhaltene, aber nicht mehr genutzte Haupteingang mit dem Pförtnerhaus, das Verwaltungsgebäude sowie ein Beamtenwohnhaus errichtet. Im Vergleich zu 1873 hatte sich damit die Fläche des Werkes verdoppelt. In der Hauptwerkstatt waren 1911 mehr als 1.000 Männer und Frauen beschäftigt. Das Ausbesserungswerk war damit die größte Dienststelle der Preußischen Staatsbahn in Stendal und der wichtigste industrielle Arbeitgeber in der Region. Nach dem Ersten Weltkrieg stieg die Zahl der Beschäftigten auf rund 2.400 an.

Anfang der 1920er-Jahre musste die Reichsbahn aus Kostengründen ihr Werkstättenwesen rationalisieren. Dies schlug sich auch im RAW Stendal nieder. Unter der Leitung des Werkdirektors Karl Witte wurde 1923 die neue Richthalle (Halle 1) gebaut. Im Obergeschoss befand sich die Dreherei für das Werk. Im Untergeschoss wurden Stangen und Kolben aufgearbeitet. Stendal war das erste Ausbesserungswerk der Reichsbahn, in dem neue Instandhaltungstechnologien angewandt wurden. Dadurch konnte die Dauer einer Hauptuntersuchung von 110 Tagen (1914) bis 1928 auf 28 Tage verkürzt werden. Werkdirektor Witte ließ außerdem eine so genannte Badeanstalt, einen Speisesaal für die Belegschaft und ein neues Lager errichten.

Die neuen Fertigungsmethoden hatten gravierende Folgen für das RAW Stendal, dass 1926 die Wagenabteilung schloss. Deren Aufgaben übernahm das benachbarte RAW Wittenberge. Dies hatte einen Verlust von rund 300 Arbeitsplätzen zur Folge. Dank der gestiegenen Effektivität konnte die DRG 1928 die wöchentliche Arbeitszeit von ursprünglich 51 bis 54 Stunden auf 40 Stunden verringern. Zeitgleich prüfte die Hauptverwaltung der DRG die Schließung des RAW Stendal. Da die wichtigsten Gebäude jedoch erst wenige Jahre alt waren, blieb das Werk erhalten.

Mit der im Herbst 1929 einsetzenden Weltwirtschaftskrise und dem Rückgang der Beförderungsleistungen verringerte die DRG ab 1930 den Personalbestand weiter. 1932 waren nur noch rund 600 Eisenbahner im RAW Stendal angestellt. Ein Jahr später verbesserte sich die Situation wieder, so dass das Werk zum Jahresende bereits wieder 784 Beschäftigte zählte. Das Werk arbeitete zu dieser Zeit in erster Linie Maschinen der Baureihen 38.10–40, 54.15–17, 55.0–6, 55.7–15, 55.16–22, 55.25–56, 56.20–29, 57.10–35, 58.10–21, 74.0–3, 74.4–12, 89.70–75, 94.2–4 und 94.5–18 auf. 1936 setzte das Werk insgesamt 650 Maschinen instand.

Ab Mitte der 1930er-Jahre stieg die Zahl der Arbeiter und Beamten im RAW Stendal abermals an. Mit Beginn des Zweiten Weltkrieges wurden jedoch viele Beschäftigte zum Militär einberufen. Diese Lücken schloss die DRB durch zwangsverpflichtete Arbeitskräfte und ab 1941 auch durch Kriegsgefangene, für deren Unterbringung auf dem Werksgelände ein Barackenlager errichtet wurde. Am 18. April 1944 wurde das Werk erstmals von alliierten Bombern angegriffen. Ein knappes Jahr später, am 8. April 1945, wurden bei einem Luftangriff die Schmiede und die Tenderwerkstatt auf einer Fläche von 2.700 m^2, 12 % der Gleisanlagen und 34 % der Weichen beschädigt. Im Vergleich zu anderen Ausbesserungswerken waren diese Zerstörungen vergleichsweise gering.

Nach dem Einmarsch der Roten Armee in die Altmark am 1. Juli 1945 setzte die SMAD einen Kommandanten für das RAW Stendal ein, der den Betriebsablauf überwachte. Bereits im August 1946 übergab das Werk die 1.000ste nach dem Zweiten Weltkrieg ausgebesserte Maschine. Nach der Gattungsbereinigung im Frühjahr 1947 war das Raw Stendal fortan für die Erhaltung der Maschinen der Baureihen 50 und 52 verantwortlich. Nur mit Geschick und Improvisationsvermögen konnten die Beschäftigten die Fahrzeugausbesserung aufrechterhalten, da vor allem Werkzeuge und Ersatzteile fehlten. Diese Situation verschärfte sich, nachdem ein Großfeuer in der Nacht von 4. zum 5. Juni 1947 das Materiallager zerstört hatte. Trotz aller Probleme verließ am 30. November 1949 die 3.000ste nach Kriegsende ausgebesserte Maschine das Werk.

Ende der 1940er-Jahre gewann das Raw Stendal weiter an Bedeutung. Die DR hatte Hans Wendler (16.07.1905–19.01.1989) mit der Entwicklung einer Kohlenstaubfeuerung für Dampfloks beauftragt. Das »Kollektiv Kohlenstaublokomotive« hatte seinen ersten Sitz im Raw Stendal, wo 17 1119 Anfang 1949 entsprechend umgebaut und am 1. Mai 1949 erstmals der Öffentlichkeit vorgestellt wurde. Später rüstete das Raw Stendal auch Maschinen der Baureihe 52, die Schnellzugloks 07 1001 und 08 1001 sowie den Einzelgänger 36 457 (Kohlenzertrümmerungseinrichtung) mit einer Wendler-Feuerung aus. 1950 war das Werk nicht nur für die Baureihen 50 und 52, sondern auch für die Baureihen 17.10–12, 23.0 und 24 verantwortlich. Zeitweilig gehörten auch die Baureihen 42 (1949–1956) und 56.2–8 (1951) zum Aufgabenbereich des Raw Stendal, das am 1. Januar 1950 die ehemalige »Sächsische Eisenbahnbedarfs- und Maschinenfabrik GmbH« übernommen hatte (siehe S. 150 ff.).

Angesichts der stetig steigenden Anforderungen an das Werk mussten die Fertigungskapazitäten erweitert und die Technologien verbessert werden. Dazu gehörte u.a. 1951 die Schaffung einer neuen Lehrwerkstatt. Der langjährige Werkdirektor Hans Wende und der Produktionsleiter Walter Richmann führten 1956/57 so genannte Produktionsabteilungen in den Bereichen Lokfertigung, Kesselschmiede und Komponentenauf-

Frisch lackiert präsentierte sich 52 382 (Est Zeitz) am 19. September 1976 vor der Richthalle des Raw Stendal. Ab 1. Januar 1977 oblag die Unterhaltung der Altbau-Maschinen der Baureihe 52 dem Raw Meiningen. Foto: Stanek, Slg. G. Schütze

arbeitung ein, mit denen die Durchlaufzeiten deutlich verkürzt werden konnten. Dies war notwendig, da im Raw Stendal 1957 die Rekonstruktion der Baureihe 50 begonnen hatte. Bis 1962 verließen 208 Maschinen der Baureihe 50.35 das Werk. Zwischen 1960 und 1967 folgten 200 Reko-Maschinen der Baureihe 52.80.

Zu diesem Zeitpunkt umfasste der Erhaltungsbestand des Werkes noch immer rund 1.200 Maschinen. Damit war das Raw Stendal das wichtigste und leistungsfähigste Dampflok-Ausbesserungswerk der DR. Bis 1962 konnte der Zeitbedarf für die Endmontage einer Maschine von 10 auf 8 Stunden verringert werden. Insgesamt 971 Loks verließen 1962 das Werk. Am 8. Mai 1965 übergab Werkdirektor Hans Wende dem Bw Hoyerswerda 52 8134 als 15.000ste Lok, die seit 1945 im Raw Stendal aufgearbeitet wurde.

Auch in der zweiten Hälfte der 1960er-Jahre bestimmten weiterhin die Baureihen 50, 50.35, 50.40, 50.50, 52, 52^{Kst} und 52.80 das Produktionsprofil des Werkes, das zum 1. Juli 1967 auch die Erhaltung der letzten Exemplare der Baureihe 57.10–35 übernahm. Außerdem verlagerte die HvRaw vom Raw Zwickau (Sachsen) die Unterhaltung der Baureihe 42 (ab 01.01.1969) sowie vom Raw Halle (Saale) die Baureihen 56.20–29, 64 (bis 30.09.1969), 75.4,10–11 und 83.10 (ab 01.12.1968) nach Stendal. Zeitweilig war das Werk auch für die Baureihen 23.10 (1973–1975), 57.10–35 (1968–1970) und Dampfspeicherloks (1968–1972) verantwortlich. Allerdings spielten diese Gattungen kaum eine Rolle. 1970 umfasste der Erhaltungsbestand des Raw Stendal insgesamt 1.179 Dampflokomotiven.

Zu diesem Zeitpunkt gab es bereits erste Überlegungen hinsichtlich des zukünftigen Produktionsprofils des Werkes. 1963 sollte Stendal Erhaltungswerk für die Baureihe V 180 werden, was aber aufgrund der baulichen Gegebenheiten nicht möglich war. Doch erst fünf Jahre später konnte Hans Wende ein erstes Konzept für eine Umstellung des Werkes auf die Instandhaltung von Dieselloks vorlegen. Fast zeitgleich erhielt das Raw Stendal den Auftrag, die aus der CSSR für verschiedene DDR-Werkbahnen importierten Dieselloks der Baureihe T 334.0 instand zu halten. Die eigens dafür gebildete Meisterei umfasste 80 Beschäftigte, die zwischen Juli 1968 und Oktober 1969 insgesamt 17 Maschinen aufarbeiteten. Einzelne Komponenten wurden im Raw Wittenberge repariert. Doch aufgrund der geringen Stückzahl der Baureihe T 334.0 in der DDR verlagerte die DR die Instandhaltung dieser Type nach Halle (Saale). Stattdessen war für das Raw Stendal nun der Bau vierachsiger Containertragwagen und die Fertigung von Drehgestellen der Bauart Y 25 im Gespräch. Die dafür notwendigen Produktionsbereiche sollten zunächst in der Kesselschmiede untergebracht werden. Mittelfristig war der Bau neuer Hallen vorgesehen. Doch all diese Pläne wurden gar nicht oder nur schleppend umgesetzt. Angesichts dieser unklaren Perspektiven verließen seit dem Ende der 1960er-Jahre zahlreiche Beschäftigte das Werk. Die Eisenbahner wechselten in die volkseigene Industrie, die neben einer sicheren Zukunft vor allem höhere Löhne zahlte. Für das Ausbesserungswerk hatte diese Entwicklung gravierende Folgen, denn aufgrund fehlender Fachkräfte kam es ab 1970 zu Engpässen in der Dampflok-Instandsetzung, zumal die Anforderungen in diesem Bereich wieder stiegen.

Erst ab 1971/72 wurde intensiv über die Zukunft des Raw Stendal diskutiert. Zunächst wollte die Rbd Aw die Instandhaltung der Triebwagen der Baureihe 171/172 nach Stendal verlagern. Dieses Vorhaben wurde aber verworfen. Dies galt auch für die Idee, das Raw Stendal mit der Erhaltung der Baureihen 120, 130, 131, 132 und 142 zu beauftragen. Für beide Aufgaben konnten die vorhandenen Richthallen nicht genutzt werden und für die notwendigen Neubauten fehlten der DR die finanziellen Mittel. Daher fasste die Rbd Aw den Beschluss, die Unterhaltung der Baureihe 110 von Cottbus nach Stendal zu verlegen. Im Hinblick auf einen reibungslosen Übergang sollten für einige Zeit parallel Dampf- und Dieselloks instand gesetzt werden. In dieser Zeit mussten die Gebäude und die Infrastruktur den neuen Anforderungen angepasst werden. Das von der Werkleitung ausgearbeitete Konzept wurde im März 1974 vorgestellt und wenig später von der Rbd Aw genehmigt. Damit stand fest, dass ab 1977 die Baureihe 110 im Raw Stendal betreut werden sollte.

Noch im Sommer 1974 begannen die ersten Vorbereitungen für die Diesellok-Unterhaltung. In einem Teil der Kesselschmiede wurden ab August 1974 Drehgestelle der Baureihe 110 aufgearbeitet. Parallel dazu bildete das Raw Cottbus die ersten Stendaler Eisenbahner für die Baureihe 110 aus. Die Teilnehmer dieses Lehrgangs stellten ihre Fertigkeiten an der 110 223 unter Beweis, die von ihnen in Cottbus selbstständig demontiert und wieder zusammengesetzt wurde (09.09.–15.11.1974).

Damit war der Grundstein für die Produktionsumstellung des Raw Stendal gelegt. 110 122 des Bw Seddin traf am 6. Januar 1975 als erste Diesellok zur Instandsetzung in der Altmark ein. Am 12. März 1975 wurde die Maschine wieder dem Betrieb übergeben. Bis Jahresende setzte das Werk noch 31 weitere Dieselloks der Baureihe 110 instand. 1976 führte das Raw Stendal bereits 162 Schadgruppen aus. Ein Jahr später waren es dann 264 Ausbesserungen. Ab 1976 oblag dem Werk die Aufarbeitung aller Drehgestelle der Baureihe 110. Die Dieselmotoren, Strömungsgetriebe (ab 1978 in Stendal) und Heizkessel wurden jedoch in anderen Ausbesserungswerken untersucht. Dadurch konnten die andernorts vorhandenen Fertigungsbereiche besser ausgelastet und die Investitionen in Stendal verringert werden.

Seit 1975 war das Ende der Dampflok-Instandsetzung absehbar. Zunächst gab das Raw Stendal die Unterhaltung der Baureihe $50^{\text{Öl}}$ (31.12.1974) an das Raw Meiningen ab. Dieses übernahm bis 1977 auch die Baureihen 50, 50.35 und 52. Damit gehörte nur noch die Baureihe 52.80 zum Erhaltungsbestand des Raw Stendal, das am 29. Januar 1977 mit der 52 8125 die 25.000ste Dampflok seit 1945 fertiggestellt hatte.

Die Umstellung von der Dampf- auf Diesellok-Unterhaltung brachte für die Beschäftigten des Raw Stendal einige Herausforderungen. Aufgrund der gesunkenen Zahl von Dampfloks wurden einzelne Fertigungsbereiche zusammengefasst. Die verbliebenen Meister und Schlosser mussten daher zusätzliche Arbeiten übernehmen und sich entsprechend weiterqualifizieren. Ab 1977 verließen durchschnittlich nur noch zwei bis drei Dampfloks im Monat das Werk. Die einstige Massenproduktion hatte sich zur Einzelfertigung entwickelt. In der Richthalle standen für die Baureihe 52.80 nur noch sechs Stände zur Verfügung. Am 5. Oktober 1979 wurde schließlich mit 52 8184 (Bw Brandenburg) offiziell die letzte im Raw Stendal instand gesetzte Dampflok verabschiedet.

Fortan bestimmte die Baureihe 110 das Bild in den Werkhallen. Doch das Ausbesserungswerk war nicht nur für die Instandhaltung der über 800 Dieselloks zuständig. In der Folgezeit wurden auch zahlreiche Maschinen mit neuen, leistungsstärkeren Motoren ausgerüstet. Bis 1991 baute das Raw Stendal insgesamt 504 Lokomotiven zur Baureihe 112 und 65 Exemplare zur Baureihe 114 um. Außerdem entstanden bis Dezember 1990 im Raw Stendal auf der Basis der Baureihe 110 die beiden Versuchsloks der Baureihe 108 sowie die zehn meterspurigen Maschinen der Baureihe 199.8.

Anfang der 1980er-Jahre übernahm das Raw Stendal weitere Aufgaben. Seit 1978 lieferte das Werk Bau-

Fritz Heckert

Friedrich – genannt »Fritz« – Heckert wurde am 28. März 1884 in Chemnitz geboren. Nach der Maurerlehre trat er 1902 in den Deutschen Bauarbeiterverband und die SPD ein, zu derem linken Flügel er zählte. Ab 1912 war Heckert als Gewerkschaftssekretär in Chemnitz tätig. Er gehörte zu den Gründern der Spartakusgruppe und der USPD (09.–11.04.1917). Heckert nahm auch am Gründungsparteitag der KPD teil (30.12.1918–01.01.1919). Der Parteiname basierte auf einem Vorschlag von Fritz Heckert, der den KPD-Ortsverband Chemnitz zu einem der mitgliederstärksten in Deutschland machte. Im Dezember 1920 wurde er in das ZK der KPD berufen. 1923/24 war er an Umsturzplänen der Partei beteiligt, was zu seiner Inhaftierung im Oktober 1924 führte. Seit Mai 1924 hatte er für die KPD ein Mandat im Reichstag errungen, was er bis 1933 behielt. Ab 1928 war er Mitglied im Exekutivkomitee der Kommunistischen Internationalen, für die er ab 1932 in Moskau tätig war. Dort verstarb er am 7. April 1936 an den Folgen eines Schlaganfalls.

gruppen für Fahrleitungsmontagewagen (FMW) und Trommelwagen (TW), die im Raw Wittenberge auf der Basis von Spenderfahrzeugen der Bauarten Ga und Res entstanden. 1981 übernahm Stendal diese Fertigung. Der erste FMW wurde am 12. Juni 1981 zur Endabnahme übergeben. Später entstanden in der Altmark auch Sprengzüge für die Unkrautbekämpfung und Kleinwagen. Im Juni 1980 begann das Raw Stendal mit der Reparatur von Zementbehälterwagen (Gattung Ucv) in den Schadgruppen G 0 bis G 2. 1982 lief die Fertigung von Drehgestellrahmen der Bauform Görlitz V an. Zwei Jahre später, ab 8. Juni 1984, hieß das Werk offiziell Raw »Fritz Heckert« Stendal (siehe Kasten) und war mit rund 2.400 Beschäftigten einer der größten industriellen Arbeitgeber in der Region.

Doch mit den politischen Umbrüchen der Jahre 1989/90 änderten sich die wirtschaftlichen Rahmenbedingungen grundlegend. Die DR verzeichnete bereits 1990 einen dramatischen Rückgang der Beförderungsleistungen, der bei den Dieselloks der Baureihen 110, 111, 112 und 114 zu einem Überbestand führte. Bereits im Herbst 1990 begann die DR damit, im Raw Stendal die Produktionskapazitäten zu verringern. Daran konnte auch der Umbau von 37 Maschinen der Baureihe 293 (ex Baureihe 111) und 45 Maschinen der Baureihe 201 (ex Baureihe 110) zur Baureihe 298 nichts ändern. 1992 gab das Raw Stendal die Unterhaltung der Baureihe 201 auf.

Die 1992 vorgestellte »Langfristige Werkeordnung« (LWO) sah für das Raw Stendal die Schließung im Jahr 2002 vor. Ein erster Schritt in diese Richtung war 1993 die Aufgabe der WA Stendal Ost (siehe S. 150). Um die bestehenden Ressourcen dennoch wirtschaftlich auszunutzen, verlagerte die DB im Herbst 1993 die Unterhaltung der Baureihen 211, 212, 213 und 214 von Bremen nach Stendal.

Nach der Gründung der DB AG firmierte das Raw Stendal fortan als »Werk«, das immer weiter Personal abbaute. Ende 1996 waren hier nur noch rund 630 Eisenbahner beschäftigt. Zu diesem Zeitpunkt war die Aufgabe des Werkes Stendal beschlossene Sache. Dies stieß jedoch bei der Belegschaft und der Regierung des Landes Sachsen-Anhalt auf massiven Widerstand. Das ehemalige Raw Stendal hatte mit der Modernisierung von Diesellokomotiven eine Marktlücke besetzt und seine Fachkompetenz in diesem Bereich 1995 mit fünf Maschinen für das PCK Schwedt unter Beweis gestellt hatte. Doch es dauerte noch Jahre, bis der Fortbestand des Werkes, das ab 1998 zu DB Regio gehörte, langfristig gesichert war.

Mit dem Ausscheiden der Baureihen 202 und 204 aus dem Betriebspark der DB AG verlor auch deren Instandhaltung im Werk Stendal immer weiter an Bedeutung.

1998 wurden die letzten Exemplare der Baureihe 202 hauptuntersucht. Drei Jahre später verließen die letzten Maschinen der Baureihe 204 nach einer Revision die Altmark.
Wenige Monate später, am 9. Juli 2002, unterzeichneten die DB AG und der ALSTOM-Konzern einen Vertrag, der zur Gründung der ALSTOM Lokomotiven Service GmbH (ALS) führte. Das Gemeinschaftsunternehmen, an dem die DB AG 49 % hielt, übernahm neben einigen Teilen des Werkes noch 165 Mitarbeiter, die seither in erster Linie erfolgreich Diesellokomotiven aufarbeiten und modernisieren. Im Mai 2012 übernahm ALSTOM schließlich die Anteile der DB AG an der ALS, so dass auch weiterhin in den Werkhallen des ehemaligen Raw Stendal Schienenfahrzeuge instand gesetzt werden.

Mit der 52 8184 des Bw Brandenburg endete am 5. Oktober 1979 offiziell die Dampflokausbesserung im Raw Stendal. Das Werk hatte seit 1945 insgesamt 25.420 Maschinen aufgearbeitet.
Foto: Slg. D. Endisch

Die Werklokomotiven des Raw Stendal

Betriebs-Nr.	Bauart	Hersteller	Baujahr	Fabrik-Nr.	DR-Nr.	Bemerkungen
ASF 04	Bo-a	LKM Babelsberg	1960	253.011	ex 101 010-7	ab 1985; 1988 abgestellt; ++ 1989 Raw Stendal
WL 1	1´Cn2t	Vulcan	1893	735	ex 91 004	ab 08.02.1927; + ?
WL 2	Cn2t	Henschel	1888	2.720	ex 89 7060	ab 30.08.1928; + ?
WL 2^{II}	1´Cn2t	O & K	1913	6.253	ex 91 1923	ab 1936; + 11.12.1963
WL 2^{III}	B-dh	LKM Babelsberg	1970	262.224	-	Typ V 22 B; Abnahme am 18.02.1970; + ?
WL 3	Cn2t	Vulcan	1889	1.205	ex 89 7074	ab 30.08.1928; + ?
WL 3^{II}	Dn2t	Henschel	1924	20.408	ex 92 421	an Braunschweigische Landes-Eisenbahn geliefert; ab 1948; + ?
WL 3^{III}	Cn2t	?	?	?	-	
WL 4	Dn2t	Union	1912	2.002	ex 92 669	ab 26.06.1963; + ?
WL 5	Dn2t	Borsig	1927	12.055	ex 92 6201	an Stendal-Tangermünder Eisenbahn AG geliefert; ab 02.12.1963; + ?
-	B-dh	LKM Babelsberg	1970	265.066	ex 312 166-2	ab 01.12.1994; + ?

3. Ausbesserungswerke für Reisezugwagen

3.1 Das Raw Delitzsch

Anfang des 20. Jahrhunderts waren die Werkstattkapazitäten im Bereich der Königlichen Eisenbahn-Direktion (KED) Halle erschöpft. Da die Hauptwerkstatt (HW) in Halle (Saale) aufgrund der beschränkten Platzverhältnisse nicht erweitert werden konnte, entschied sich die Direktion für einen Neubau in Delitzsch. Für diesen Standort sprach vor allem die günstige Lage. Im Bahnhof Delitzsch kreuzten sich die Strecken Halle (Saale)–Eilenburg (–Cottbus) und Leipzig–Bitterfeld–Berlin. Die für die neue Hauptwerkstatt notwendigen Flächen nördlich des Bahnhofs konnte die Preußische Staatsbahn am 24. November 1905 von der Stadt erwerben. Nach Abschluss der Planungen begannen am 1. Juli 1907 die Bauarbeiten. Um die notwendigen Flächen zu schaffen, waren erhebliche Erdarbeiten notwendig. Das Terrain musste teilweise zwischen 2 und 4 m aufgefüllt werden. Kernstück der HW Delitzsch, die am 1. Juli 1908 ihrer Bestimmung übergeben werden konnte, war die 23.000 m^2 große Werkhalle. Östlich der Halle befanden sich das Lager, die Schmiede, die Feuerwache und einige kleinere Nebengebäude, südlich davon standen das Verwaltungsgebäude und zwei Holzschuppen.

Die HW Delitzsch war von Beginn an als ein Ausbesserungswerk für Wagen konzipiert. Die meisten der rund 730 Arbeiter und Beamten stammten aus der HW Halle (Saale), wo die Wagenabteilung geschlossen wurde. Die Preußische Staatsbahn ließ für ihre Beschäftigten im Südosten der Stadt ein neues Wohngebiet errichten, das als »Eisenbahnersiedlung« bezeichnet wurde. Zunächst setzten die Eisenbahner nur Güterwagen instand, bevor die HW Delitzsch am 1. Januar 1909 aus Gotha die Erhaltung von Reisezugwagen übernahm. In der Folgezeit baute die Preußische Staatsbahn die Werkstatt in Delitzsch weiter aus. Es entstanden u.a. eine Ventilwerkstatt (1913), eine Federschmiede (1916), ein Kesselhaus (1918) und eine Wagenwäsche (1921). Bis 1917 stieg die Anzahl der Beschäftigten auf 1.270 an. Ab

Die Unterhaltung ihrer Reisezugwagen konzentrierte die DR in den Ausbesserungswerken Delitzsch, Potsdam und Wittenberge. Das Raw Halberstadt war hingegen für den Neubau von Reisezugwagen verantwortlich. 232 466 stand am 5. November 1994 mit einem aus Halberstädter Wagen gebildeten Reisezug im Bahnhof Oschersleben. Foto: D. Endisch

1920 musste aber auch in Delitzsch Personal abgebaut werden. 1924 wies der Stellenplan des Reichsbahnausbesserungswerks (RAW) nur noch 670 Mitarbeiter aus.
Zu diesem Zeitpunkt wandelte sich das Produktionsprofil des Werks. Für die Instandhaltung von Triebwagen entstanden zwischen 1920 und 1922 ein Motoren- und Getriebeprüfstand. Doch diese wurden nur kurze Zeit benötigt. Ab 1926 ließ die Deutsche Reichsbahn-Gesellschaft (DRG) im RAW Delitzsch nur noch Reisezugwagen aufarbeiten. Dafür wurde nördlich der so genannten Haupthalle eine elektrische Werkstatt eingerichtet. Hier wurden in erster Linie die elektrische Beleuchtung sowie die Akkumulatoren und Batterien der Wagen repariert. In den Jahren 1930/31 wurde das RAW Delitzsch für die Unterhaltung von Drehgestell-Fahrzeugen hergerichtet. Vier Jahre später waren in der Dienststelle rund 920 Eisenbahner beschäftigt.
Während des Zweiten Weltkrieges entstanden in Delitzsch Lazarettwagen und Dienstfahrzeuge für die deutsche Wehrmacht, die hier auch repariert wurden. Da die Stammbelegschaft durch die Einberufungen zum Militär immer kleiner wurde, setzte das RAW Delitzsch ab März 1942 auch Kriegsgefangene ein. Anfang 1945 waren im Werk neben rund 750 deutschen Eisenbahnern auch etwa 320 Kriegsgefangene beschäftigt. Im Januar 1945 evakuierte die Deutsche Reichsbahn (DRB) die Belegschaft des RAW Oppeln nach Delitzsch. Mit drei Zügen trafen rund 1.000 Eisenbahner und deren

Angehörige in Nordsachsen ein. Ein Teil von ihnen wurde jedoch wenig später zum RAW München-Neuaubing verlegt.
Glücklicherweise blieb das RAW Delitzsch trotz eines Bombenangriffs auf den Bahnhof am 16. April 1945 von Zerstörungen verschont. Gleichwohl wurde am 20. April 1945 die Arbeit eingestellt. Nach dem Einmarsch der US-Armee wurde das Werk für die Instandsetzung von Militärfahrzeugen genutzt. Erst nach dem Abzug der amerikanischen Truppen durften die Eisenbahner am 25. Mai 1945 das Raw-Gelände wieder betreten. Umgehend wurde mit der Wagen-Reparatur begonnen. Außerdem halfen einige Beschäftigte beim Wiederaufbau des Direktionsgebäudes in Halle (Saale) und des Leipziger Hauptbahnhofs. Bis Ende 1945 verließen rund 2.500 Reisezug- und über 880 Güterwagen das Raw Delitzsch.
Um die Effizienz ihres Werkstättenwesens zu steigern, ordnete die Generaldirektion (GD) der Deutschen Reichsbahn (DR) ab 1947 schrittweise die Zuständigkeiten der Ausbesserungswerke neu. Das Raw Delitzsch war ab 1. Oktober 1951 für die Erhaltung von Drehgestell-Reisezugwagen (43 Typen) sowie Bahndienstwagen zuständig. Um die Instandhaltungskosten zu senken, rüstete das Werk die nach Kriegsende in der sowjetischen Besatzungszone (SBZ) bzw. in der DDR verbliebenen Fremdwagen mit DR-Drehgestellen aus. Zudem investierte die Hauptverwaltung der Reichsbahnausbesserungswerke (HvRaw) in die Infrastruktur des Werkes. Es entstanden beispielsweise ein neues Kesselhaus (1953) und ein modernes Sozialgebäude (1957) für die rund 2.400 Beschäftigten (Stand 1958). Außerdem war Delitzsch Sitz der am 1. Juli 1956 gegründeten Wagen-Versuchsanstalt, die ab 1. Januar 1960 als »Versuchs- und Entwicklungsstelle der Wagenwirtschaft« (VES-W) bezeichnet wurde.
Die Hauptverwaltung der Wagenwirtschaft (HvW) begann 1959 mit den Planungen für die Modernisierung der vorhandenen vierachsigen Schnellzugwagen. Die dazu notwendigen Umbauarbeiten übernahm das Raw Delitzsch, dessen südlicher Werkstattteil entsprechend hergerichtet wurde. Die Fertigung des Baumusters der so genannten Modernisierungswagen (Mod-Wagen) startete im Mai 1960. Die Serienproduktion nahm man schließlich Ende 1961 auf und lieferte bereits im Juni 1963 den 100. Mod-Wagen aus. Bis Ende 1964 wurden die alten Dächer und Untergestelle der Spenderfahrzeuge weiterverwendet. Die fortan im Raw Delitzsch gefertigten Mod-Wagen waren de facto Neubauten, die mit Drehgestellen der Bauart Görtlitz V ausgerüstet waren. Bis 1970 verließen neben Mod-Wagen der Gattungen Ag (95 Stück), ABg (87 Stück), Bg (257 Stück) und Bgre (23 Stück) auch Packwagen der Gattung Dg (89 Stück) sowie Postwagen der Gattung Post e (18 Stück) das Werk in Delitzsch. Dort entstanden außerdem zwischen 1959 und 1961 insgesamt 20 Doppelstockpackwagen der Gattung DDe für die Doppelstockgliederzüge der DR. Für diese ungewöhnlichen Fahrzeuge griff das Raw Delitzsch zunächst auf Untergestelle von Fremdwagen zurück, bevor ab 1961 die Rahmen von Behelfspersonenwagen (Gattung Mc4i) verwendet wurden.
Im Herbst 1968 erhielt das Raw Delitzsch den Auftrag, insgesamt 40 vierachsige Personenwagen der Gattung Bgh für die S-Bahn Leipzig umzubauen. Dazu mussten die so genannten LOWA-Wagen binnen weniger Wochen mit Steuerleitungen ausgerüstet und umlackiert (blau/gelb) werden. Außerdem wurden acht Fahrzeuge zu Steuerwagen umgebaut.
Zu diesem Zeitpunkt bereitete die Haupthalle der Werkleitung und den vorgesetzten Dienststellen schon seit geraumer Zeit erhebliche Sorgen. Die Dachkonstruktion und die Stützen wiesen gravierende bauliche Mängel auf. Das Dach aus Bimsbeton, einem mit Bimsstein versetzten Leichtbeton, zeigte Verschleißerscheinungen. Wind und Wetter führten zusehends zu Gebäudeschäden. Um den Werkstattbetrieb aufrechterhalten zu können, entschied sich die DR zunächst für eine Notsicherung des Daches. Für rund 6,5 Millionen Mark war bereits 1964/65 eine zusätzliche Holzkonstruktion eingebaut worden, die das Dach stabilisieren und

Die so genannten LOWA-Wagen (Gattung Bgh) wurden im Raw Delitzsch unterhalten. Das Werk baute 1968/69 insgesamt 40 dieser Wagen für den S-Bahn-Verkehr um. 242 020 (Bw Magdeburg) fuhr im Sommer 1982 mit einem Zug der Magdeburger S-Bahn in Zielitz ein. Foto: Slg. U. Oswald

die Beschäftigten vor herunterfallenden Dachteilen schützen sollte. Doch durch die Holzkonstruktion entsprach das Gebäude nicht mehr den Brandschutzbestimmungen, so dass die Halle nur noch mit einer Ausnahmegenehmigung weiter genutzt werden konnte. Da eine Sanierung des Gebäudes nicht möglich war, beschloss die HvRaw, eine neue Werkhalle zu errichten. Das Ministerium für Verkehrswesen (MfV) stimmte dem Vorhaben am 25. August 1967 zu. Allerdings fehlten der DDR-Bauindustrie Kapazitäten und Material für das Vorhaben. Daher beauftragte die DR 1969 die Firma »Kovoprojekta« in Brno (CSSR) mit der Planung und Ausführung. Die notwendigen Vorarbeiten waren 1971 abgeschlossen. Da die CSSR jedoch für die Bauarbeiten Devisen verlangte, musste die DR den Vertrag kündigen. Die vorgesetzte Reichsbahndirektion der Ausbesserungswerke (Rbd Aw) beauftragte nun das Raw Delitzsch, den Neubau in eigener Regie zu organisieren. Für die Planung und die Bauausführung konnte der VEB Bau- und Montage-Kombinat (BMK) Süd in Dresden verpflichtet werden. Zunächst prüften die Ingenieure, ob das Dach nicht doch erneuert werden konnte. Doch dies war nicht möglich. Zudem bestand inzwischen die Forderung, die alte Schiebebühne in der Haupthalle, mit der nur Wagen mit einer Länge von bis zu 23 m umgesetzt werden konnten, zu erneuern. Außerdem sollte die Produktionskapazität des Werkes auf die Reparatur von rund 4.800 Reisezugwagen im Jahr erhöht werden.

Angesichts dieser Vorgaben waren völlig neue Planungen notwendig. Diese sahen den Bau von zwei getrennten, funktionsfähigen Hallen vor. Im April 1975 begann der BMK Süd mit den Arbeiten, bevor schließlich am 21. März 1979 der Grundstein für die neue Werkhalle gelegt wurde. Ein gutes Jahr später, am 27. Juni 1980, feierte das Raw Delitzsch das Richtfest, bevor schließlich 1986 die neue Werkhalle fertig war.

In der Zwischenzeit hatte sich das Produktionsprofil des Raw Delitzsch, das 1982 den Namen »Herbert Warnke« (siehe Kasten auf der rechten Seite) erhielt, deutlich geändert. Nach dem Auslaufen der Mod-Wagen-Fertigung gewann 1970 die klassische Fahrzeug-Instandsetzung erheblich an Bedeutung. Bereits 1971 verließen mehr als 2.600 Reisezugwagen das Werk. Vier Jahre später waren es mehr als 3.000 Fahrzeuge. Erst nach der deutschen Wiedervereinigung wendete sich das Blatt wieder. Das Raw Delitzsch begann mit der Modernisierung und dem Umbau von Reisezugwagen der Gattung Bmh. Bis zum Herbst 1998 wurden insgesamt 267 Wagen der Gattung ABy, 654 Wagen der Gattung By (z) und 185 Wagen der Gattung Bydbzf fertiggestellt. Gleichwohl konnte damit nur ein Teil der Produktionskapazitäten ausgelastet werden. Aus diesem Grund hatte die DR bereits im Sommer 1990 damit begonnen, Personal abzubauen. Dies setzte sich auch nach der Gründung der Deutschen Bahn AG (DB AG) und der Umwandlung des Raw Delitzsch in das Werk Delitzsch fort. Im Winter 1996 waren hier nur noch rund 840 Männer und Frauen beschäftigt. Nach der Aufteilung der Werke auf die einzelnen Geschäftsbereiche (GB) gehörte Delitzsch ab 1. Januar 1998 zur späteren DB Regio AG. Diese konzentrierte im Werk Delitzsch die Unterhaltung der ehemaligen DR-Reisezugwagen (ohne Doppelstockwagen). Außerdem arbeiteten die Eisenbahner die in den Regionalbereichen (RB) Nordbayern, Hessen, Thüringen und Sachsen die eingesetzten Wagen der ehemaligen Deutschen Bundesbahn (DB) auf. Doch mit dem fortschreitenden Einsatz moderner Triebwagen verlor das Werk Delitzsch zusehends an Bedeutung. Im Sommer 1998 zählte die DB AG noch 710 Mitarbeiter. Doch die Tage des Werkes unter dem Dach der Bahn AG

Die Werklokomotiven des Raw Delitzsch

Betriebs-Nr.	Bauart	Hersteller	Baujahr	Fabrik-Nr.	DR-Nr.	Bemerkungen
WL 1	B-dm	BMAG	1930	9.769	ex Kb 4001	ab 06.04.1935; + ?
WL 1^{II}	B-dm	LKM Babelsberg	1958	252.001	-	Typ V 10 B; an Bahnreinigungsgesellschaft mbH Leipzig (V 10 001) für Werk Delitzsch; später an DB Services Südost GmbH (V 10 001) für Werk Delitzsch
WL 2	B-dh	LKM Babelsberg	1974	262.492	-	Typ V 22 B; Abnahme am 31.01.1974; später an Raw Dessau
WL 3	Cfl	Raw Meiningen	1985	03.086	-	Abnahme am 20.11.1986; 1991 abgestellt; ++ 1992

Herbert Warnke

Herbert Warnke, geboren am 24. Februar 1902 in Hamburg, arbeitete zunächst als Bote, bevor er eine Lehre als Nieter (1920–1924) absolvierte. 1923 trat er in die Kommunistische Partei Deutschlands (KPD) ein und war ab 1924 Mitglied des Deutschen Metallarbeiterverbandes. 1929/30 war er Betriebsratsvorsitzender bei Blohm & Voss in Hamburg, bevor er entlassen wurde. Die KPD berief ihn u.a. zum Sekretär für Gewerkschaftsfragen im Bezirk Weser-Ems. Nach der Machtübernahme der Nationalsozialisten ging er zunächst nach Saarbrücken und Paris. Nach einem Aufenthalt in Moskau war er von 1936 bis 1938 Mitglied der Abschnittsleitung Nord der KPD in Kopenhagen. Ab 1939 war er in Schweden interniert. Im Dezember 1945 kehrte er nach Deutschland zurück und wurde im Februar 1946 Vorsitzender des Landesverbandes Mecklenburg-Vorpommern des Freien Deutschen Gewerkschaftsbundes (FDGB), den er ab 25. Oktober 1948 bis zu seinem Tod am 26. März 1975 führte.

waren gezählt – am 1. Januar 2005 wurde das ehemalige Raw als »Schienenfahrzeugwerk Delitzsch GmbH« (SFW) privatisiert. Am 1. Januar 2009 wurde das Unternehmen von der EuroMaint Rail GmbH übernommen, die derzeit in Delitzsch rund 300 Beschäftigte zählt.

3.2 Das Raw Halberstadt

Über Jahrzehnte hinweg prägten die im Raw Halberstadt produzierten Reisezugwagen das Bild auf den Strecken der DR. Die Dienststelle gehörte zu den ältesten Ausbesserungswerken in der DDR. Den Grundstein legte die Magdeburg-Halberstädter Eisenbahn-Gesellschaft (MHE), die 1843 in Halberstadt die erste Remise in Betrieb nahm. Eine Werkstatt, eine Dreherei, eine Schmiede und ein eingleisiger Lokschuppen waren die Keimzelle des späteren Reichsbahnausbesserungswerkes und des Bahnbetriebswerks (Bw) in der Domstadt. Das Direktorium der MHE beschloss 1865, in Halberstadt eine so genannte Maschinen- und Wagenwerkstatt zu errichten. Nach dem Erwerb der notwendigen Flächen 1867 begannen die Bauarbeiten und bereits im Februar 1868 konnten die ersten Fahrzeuge aufgearbeitet werden. Kernstück des U-förmig angeordneten Gebäudekomplexes waren die Lok- und Wagenwerkstatt, die durch ein Lager, eine Schmiede und ein Kesselhaus ergänzt wurden. Die Wagenwerkstatt brannte allerdings am 14. August 1874 ab. Auf den Fundamenten wurde aber bis 1875 ein neues Gebäude errichtet. Die MHE ergänzte ihre so genannte Centralwerkstatt in Halberstadt bis 1880 durch ein Verwaltungsgebäude, eine zweite Wagenwerkstatt, eine Stellmacherei, eine Tischlerei und eine Wagenwäsche.

Nachdem die Preußische Staatsbahn am 1. Februar 1880 die Betriebsführung auf den Strecken der MHE übernommen hatte, wandelte sie die Halberstädter Centralwerkstatt in eine eigenständige Hauptwerkstatt um. Diese wurde in den folgenden Jahren durch eine Tenderwerkstatt (1896), ein zweites Kesselhaus (1910) und eine Kesselschmiede (1910) erweitert. Die HW Halberstadt, in der 1914 rund 800 Arbeiter und Beamte beschäftigt waren, setzte neben Lokomotiven auch Personen- und Güterwagen instand. Während des Ersten Weltkrieges stockte die Preußische Staatsbahn die Belegschaft auf. Nach der Rückkehr der zum Kriegsdienst einberufenen Eisenbahner verdoppelte sich bis 1920 die Anzahl der Beschäftigten. Doch deren Zukunft war trübe: Das RAW Halberstadt zählte zu den ältesten und unwirtschaftlichsten Ausbesserungswerken der Reichsbahn. Diese entließ 1923 die ersten Eisenbahner. Zwei Jahre später gab die DRG bekannt, dass sie die Kesselschmiede nach Braunschweig und die Lokwerkstatt nach Brandenburg verlegen wolle. Der Magistrat der Stadt setzte sich zwar für den Erhalt des RAW Halberstadt ein, hatte aber

Das Raw Halberstadt begann 1959 mit dem Serienumbau der zwei- und dreiachsigen Reisezugwagen. Bis zum Herbst 1964 verließen über 2.600 dieser so genannten Reko-Wagen das Werk. Die Fahrzeuge prägten mehr als 20 Jahre das Bild im Nahverkehr. Im Sommer 1962 hatte 38 1520 (Bw Elsterwerda) einen aus zwei- und dreiachsigen Wagen gebildeten Personenzug am Haken. Foto: Slg. D. Endisch

letztlich keinen Erfolg. Die DRG begann 1926 mit der schrittweisen Auflösung der so genannten Lokabteilung. Im Gegenzug wurde die Wagenwerkstatt ausgebaut, so dass rund 100 Kündigungen ausgesprochen werden mussten. Während der Weltwirtschaftskrise schränkte die DRG die Fahrzeugausbesserung zusehends ein, bevor das RAW Halberstadt am 30. Mai 1932 seine Tore schloss. Für die Stadt hatte dies gravierende Folgen. Mit dem Verlust des wichtigsten Industriebetriebes stieg die Arbeitslosenquote in Halberstadt auf rund 25 %. Die letzten 30 Eisenbahner demontierten bis zum April 1933 die Maschinen und Anlagen.

Doch bereits ein Jahr später zog wieder neues Leben in die leeren Werkhallen ein. Die DRG richtete in Halberstadt eine so genannte Bauzugwerkstatt ein, die als Werkabteilung (WA) dem RAW Braunschweig unterstand. Zunächst wurden Personen- und Güterwagen zu Dienstfahrzeugen umgebaut. Während des Zweiten Weltkrieges entstanden auch Lazarettzüge und Wagen für Truppentransporte. Außerdem hatte das RAW Braunschweig in Halberstadt wieder die Kesselschmiede und die Lokwerkstatt reaktiviert.

Im Frühjahr 1945 versank die WA Halberstadt in Schutt und Asche. Bei einem Jagdfliegerangriff auf den Bahnhof am 7. April 1945 explodierten ein Munitionszug und das benachbarte Gaswerk, was auch zu Schäden auf dem Werkgelände führte. Am 8. April 1945 fielen beim Angriff auf die Stadt auch etwa 40 Bomben auf die WA Halberstadt, von der nur noch Trümmer übrigblieben. Rund 93 % der Geräte und Werkzeuge sowie 85 % der Anlagen waren zerstört.

Nach dem Einmarsch der US-Armee am 11. April 1945 begannen etwa 200 Eisenbahner mit den Aufräumungsarbeiten. Doch diese gingen angesichts der großen Schäden nur langsam voran. Ab 21. Juni 1945 besaß Halberstadt wieder den Status eines eigenständigen Ausbesserungswerkes, das ab 1. Juli 1945 zur SBZ gehörte. Ende Juli 1945 verließ die erste instandgesetzte Lokomotive das Werk. Die Güterwagenausbesserung begann am 28. August 1945, bevor am 19. November 1945 die Reisezugwagen-Werkstatt wieder ihre Arbeit aufnahm. Bis zum Mai 1946 gelang es den rund 880 Eisenbahnern, den Schutt zu beseitigen. Der Wiederaufbau dauerte jedoch bis 1949.

Monatlich konnten 1946 etwa 20 Loks und 30 Wagen repariert werden. Außerdem verfügte das Raw Halberstadt über eine Kraftwagenabteilung, deren Werkstatt jedoch am 7. Januar 1947 durch einen Brand zerstört und nicht wieder aufgebaut wurde. Dies war in erster Linie den neuen Aufgaben des Werkes geschuldet.

Die GD der DR konzentrierte im Raw Halberstadt im Frühjahr 1947 die Erhaltung der zwei- und dreiachsigen Reiszugwagen. Außerdem bestand noch eine Lokabteilung, die aber bis 1949 schrittweise aufgelöst wurde. Lediglich die Kesselschmiede blieb erhalten und wurde sogar ausgebaut. Fortan wurden hier für andere Ausbesserungswerke größere Kesselarbeiten ausgeführt. Dazu gehörten neben regulären Kesselzwischen- und Kesselhauptuntersuchungen (K3 bzw. K4) u.a. auch die Anfertigung und der Einbau neuer Feuerbüchsen, Rohrwände sowie Steh- und Langkessel. Außerdem war die Kesselschmiede 1954 am Bau von 25 Kesselwagen für die Polnischen Staatsbahnen beteiligt.

Bereits Anfang der 1950er-Jahre bestimmte die Instandsetzung von Reisezugwagen das Produktionsprofil des Raw Halberstadt. Um den Bedarf an Personenwagen zu decken, wurden 1954 nicht mehr benötigte Akku-Triebwagen der Bauart Wittfeld zu kurzgekuppelten Reisezugwagen der Gattung C3i umgebaut. Zu diesem Zeitpunkt wurde die Instandhaltung der alten zwei- und dreiachsigen Reisezugwagen zusehends unwirtschaftlicher. Rund 70 % des Bestandes stammte aus der Zeit vor dem Ersten Weltkrieg. Die DR beschloss daher, die Fahrzeuge grundlegend zu modernisieren. Unter der Leitung von Franz Niedt, dem stellvertretenden Leiter der HvRaw, entwickelte eine Arbeitsgruppe aus Eisenbahnern der HvRaw, des Technischen Zentralamtes und des Raw Leipzig-Engelsdorf die so genannten Reko-Wagen. Im Hinblick auf eine rationelle Fertigung und Unterhaltung wurden die Rahmen der zwei- und dreiachsigen Fahrzeuge auf 12.920 mm verlängert. Das Baumuster der Reko-Wagen entstand Ende 1956 im Raw Engeldorfs in handwerklicher Fertigung und wurde nach seiner Indienststellung am 4. März 1957 erprobt. Allerdings wies der Wagenkasten konstruktive und fertigungstechnologische Mängel auf, so dass die Konstruktionsabteilung des Raw Halberstadt die Zeichnungen überarbeiten musste. 1958 entstand eine Nullserie (12 Stück), bevor 1959 die Serienfertigung begann. Bereits im Oktober 1959 konnte der 100ste Wagen ausgeliefert werden. Außerdem entwickelte das Raw Halberstadt zwei- und dreiachsige Post- und Packwagen, die ab 1962 gebaut wurden. Bis zum 30. September 1964 verließen insgesamt 1.821 zwei- und 783 dreiachsige Reisezugwagen sowie 158 Postwagen das Werk. Mit der Auslieferung der letzten der insgesamt 350 Packwagen endete am 30. Juni 1965 dieses Umbauprogramm. Das Raw Halberstadt hatte sich damit von einem klassischen Ausbesserungswerk hin zu einem Produktionsbetrieb entwickelt, der 1963 fast 1.200 Beschäftigte zählte.

Das zweite Standbein des Werkes war die Kesselfertigung. Angesichts der Fertigungskapazitäten im Schwermaschinenbau der DDR hatte die HvRaw beschlossen,

Ab März 1958 fertigte das Raw Halberstadt für die DR auch Neubaukessel verschiedener Typen. Bis Dezember 1966 wurden 382 Kessel sowie 294 Stehkessel produziert. *Foto: Slg. D. Endisch*

einen Teil der für das Dampflok-Rekonstruktionsprogramm benötigten Kessel in eigenen Werkstätten zu fertigen. Die Wahl fiel dabei auf die Kesselschmiede in Halberstadt, wo 1957 Vorbereitungen für den Bau der Verbrennungskammer-Kessel des Typs 39 E begannen. Der erste Kessel wurde im März 1958 ausgeliefert. Später wurden hier auch die Verbrennungskammer-Kessel der Typen 01E (ab 1962) und 50E (ab 1960) sowie Ersatzkessel für die Baureihen 03, 44, 99.51–60, 99.64–71, 99.73–76, 99.451 und 99.464 gebaut. Außerdem lieferte das Raw Halberstadt neue Stehkessel und Feuerbüchsen. Bis zur Schließung der Kesselschmiede am 21. Dezember 1966 lieferte das Raw Halberstadt insgesamt 382 Neubaukessel und 294 Stehkessel. Außerdem wurden seit 1945 insgesamt 1.274 Schadgruppen K3 und 1.009 Schadgruppen K4 ausgeführt. Nach der Schließung der Kesselschmiede wechselten rund 50 Fachkräfte zum VEB Schwermaschinenbau-Kombinat »Karl Liebknecht« Magdeburg, da sie dort mehr Geld verdienten.

Binnen weniger Wochen richtete das Raw Halberstadt in der alten Kesselschmiede eine Hülsenpufferfertigung ein. Die dafür notwendigen Maschinen stammten aus dem VEB Waggonbau Bautzen, wo die Produktion von Hülsenpuffern aus Kapazitätsgründen eingestellt werden musste. Bereits am 3. Januar 1967 konnte der erste

Ab dem Sommer 1965 wurden im Raw Halberstadt die so genannten Reko-Wagen der Gattung Bghw hergestellt. Erst 1977 endete nach über 3.000 Exemplaren die Fertigung dieser vierachsigen Fahrzeuge (Aufnahme vom Juni 1970). *Foto: Slg. D. Endisch*

Hülsenpuffer fertiggestellt werden. Das Raw Halberstadt war fortan in der Lage, jährlich bis zu 40.000 Stück zu produzieren. Als Alleinhersteller versorgte das Werk die DR und die gesamte Schienenfahrzeug-Industrie der DDR mit Hülsenpuffern, die außerdem in großer Stückzahl exportiert wurden.

Nach den guten Erfahrungen mit den zwei- und dreiachsigen Reko-Wagen wollte die DR auch ihre noch aus der Länderbahnzeit stammenden Drehgestellwagen modernisieren. Die dafür erforderlichen Konstruktionsarbeiten übernahm das Raw Halberstadt in Zusammenarbeit mit der VES-W in Delitzsch. Die Länge der vierachsigen Reko-Wagen der Gattung Bghw musste aber aufgrund der im Raw Halberstadt vorhandenen Schiebebühne auf 18,7 m begrenzt werden. Der noch in handwerklicher Fertigung hergestellte Prototyp wurde ab März 1963 erprobt. Dabei zeigte sich, dass die geplante Nutzung der alten Rahmen aufgrund der notwendigen Änderungen unwirtschaftlich war. Daher entstand bis Oktober 1964 ein zweites Baumuster, das einen neuen Rahmen besaß. In der Zwischenzeit wurden im Raw Halberstadt alle Vorbereitungen für die Serienfertigung getroffen, die im Sommer 1965 begann. Bis Jahresende konnte die DR insgesamt 118 Bghw-Wagen in Dienst stellen. Die zunächst noch verwendeten alten Drehgestelle wurden ab 1967 durch neue Drehgestelle der Bauart

Für die Produktion der 26,4 m langen Reisezugwagen der Gattung Bmh und deren Weiterentwicklungen mussten die Werkanlagen des Raw Halberstadt umgebaut werden. In der so genannten Mehrzweckhalle stand Anfang der 1980er-Jahre der Rohbau eines Seitengangwagens der Gattung Bm. *Foto: Slg. D. Endisch*

Görlitz V ersetzt. Am 27. November 1969 übergab das Raw Halberstadt das 1.000ste Fahrzeug. Bis 1977 wurden insgesamt 3.030 Fahrzeuge gebaut. Auf der Basis des Bghw-Wagens entwickelten die Ingenieure des Raw Halberstadt einen kombinierten Sitz-Gepäckwagen (Gattung BDghwse), von dem zwischen 1969 und 1974 insgesamt 202 Exemplare gebaut wurden. Außerdem wurde der Speisewagen der Gattung WRge konstruiert, von dem 50 Stück von 1973 bis 1975 das Raw Halberstadt verließen. Weitere Sonderbauarten, für die entweder vorhandene Fahrzeuge modifiziert oder spezielle Fahrwerke gebaut wurden, waren u.a. die Mannschaftswagen für die Einheitshilfszüge (1975–1978), verschiedene Begleiterwagen, Stabswagen für die Nationale Volksarmee (1967) oder die für die Katastrophenzüge vorgesehenen Küchen-, Operations-, Energieversorgungs- und Bettenwagen.

Doch in den Werkhallen des Raw Halberstadt entstanden nicht nur Bghw-Wagen und Hülsenpuffer. In den Jahren 1966/67 fertigte das Werk auch 470 Bauzugwagen mit hölzernen Aufbauten, deren Fahrgestelle von Bananen- und Kühlwagen stammten. Die Konstruktionsabteilung entwickelte entsprechend den Vorgaben der Verwaltung Bahnanlagen 15 verschiedene Typen. Dazu gehörten neben Wohnwagen u.a. kombinierte Wohn-Bürowagen, Material- und Werkstattwagen sowie Wasch-, Trocken-, Kantinen-, Küchen und Vorratswagen. 1971 übernahm das Raw Halberstadt auch die Fertigung der vierachsigen Schneepflüge der Bauart Meiningen (SPM). Die aufgrund ihrer kantigen Form und ihrer orangegelben Farbe von den Schlossern als »Brummer« bezeichneten Fahrzeuge verursachten zunächst einen erheblichen Mehraufwand. Die vom Raw Meiningen erarbeiteten Unterlagen waren unvollständig, so dass die Konstruktionsabteilung die Pläne ergänzen und überarbeiten musste. Der letzte der insgesamt 42 Schneepflüge verließ am 5. Oktober 1974 das Werk.

Ende der 1960er-Jahre wollte die HvRaw neben den Produktionsbereichen »Reisezugwagen« und »Hülsenpuffer« im Raw Halberstadt auch einen Fertigungsbereich für vierachsige Container-Tragwagen einrichten. Mit dem Bau dieser Fahrzeuge sollte 1970 begonnen werden. Allerdings waren die dafür notwendigen Investitionen zu hoch, so dass dieses Vorhaben 1971 zu den Akten gelegt wurde.

Stattdessen gewann das Raw Halberstadt als Produzent moderner Reisezugwagen an Bedeutung. Bereits 1968 beschloss die DR, anstelle der Bghw-Wagen für den hochwertigen Personenverkehr ab Mitte der 1970er-Jahre 24,5 m lange Fahrzeuge zu beschaffen. Diese sollte das Raw Halberstadt liefern. Doch dazu mussten neue Fertigungshallen errichtet werden. Das umfangreiche Bauprogramm begann am 12. September 1970 mit der Grundsteinlegung für die so genannte Mehrzweckhalle. Bis 1977 entstanden außerdem zwei neue Schiebebühnen, eine moderne Lackiererei, eine Montagehalle für Großbaugruppen und Wagenkästen, eine Werkstatt für die Innenausstattung der Wagen und ein Elektroprüfstand. Die Kosten dafür beliefen sich auf rund 20 Millionen Mark.

Parallel dazu begannen 1971 unter der Federführung des Raw Halberstadt die Konstruktionsarbeiten für die neuen Mittelgangwagen der Bauart Bmh, die später auch als »Lange Halberstädter« bezeichnet wurden. Der Prototyp entstand 1972 in der ehemaligen Wagenwäsche in handwerklicher Fertigung. Das so genannte Funktionsmuster stand im Februar 1973 für Festigkeitsversuche zur Verfügung, bevor es am 30. April 1974 seine erste Probefahrt absolvierte. Die für 1977 geplante Nullserie (10 Stück) konnte aber nicht ausgeliefert werden, da noch konstruktive und fertigungstechnische Probleme gelöst werden mussten. Außerdem war die Montagehalle für die »Langen Halberstädter« erst im Dezember 1977 fertig. Zu diesem Zeitpunkt zählte das Raw Halberstadt mehr als 1.450 Beschäftigte. 1978 verließen schließlich die ersten 180 Wagen der Gattung Bmh das Werk. Das letzte Exemplar der insgesamt 1.282 gebauten Fahrzeuge ging am 13. April 1983 auf Probefahrt.

Bereits 1977 hatten die Halberstädter Ingenieure mit der Entwicklung der Seitengangwagen der Gattungen Am, Bm und ABm sowie des kombinierten Sitz-Gepäckwagens der Gattung BDms begonnen, die alle auf der Gattung Bmh aufbauten. Der Musterwagen der Gattung Bm stand ab September 1979 zur Verfügung. Ihm folgten im Juni 1980 der Prototyp der Gattung Am und im Mai 1981 das Baumuster der Gattung ABm. Nach Abschluss der Versuchsfahrten begann im Raw Halberstadt die Serienfertigung. Ab 1988 trug das Werk den Namen des antifaschistischen Widerstandskämpfers Rudolf Heidrich. Bis 1989 entstanden in Halberstadt 175 Wagen der Gattung Am, 265 Wagen der Gattung ABm und 612 Wagen der Gattung Bm. Außerdem entstanden 81 Sitz-Gepäckwagen der Gattung BDms mit einem Abteil für Behinderte.

Die letzte Neukonstruktion des Raw Halberstadt für die DR war der Großraumwagen der Gattung Bmp. Im März 1988 hatte die HvW den Auftrag zur Entwicklung eines 26,4 m-Wagens unter Nutzung noch brauchbarer Baugruppen (u.a. Drehgestelle und Inneneinrichtung) der Bghw-Wagen erteilt. Diese Wagen sollten ab 1991 schrittweise die vierachsigen Reko-Wagen ersetzten.

Die Werklokomotiven des Raw Halberstadt						
Betriebs-Nr.	Bauart	Hersteller	Baujahr	Fabrik-Nr.	DR-Nr.	Bemerkungen
805-80-452	Cn2t	Grafensta-den	1891	4.180	ex 89 7095	ab 31.10.1954; + ?
805-80-453	Cn2t	Esslingen	1906	3.381	ex 89 6013	pr. T 3; an Halberstadt-Blankenburger Eisenbahn geliefert; ab 10.03.1963; + 01.06.1964
370 001	B-dm	LKM Ba-belsberg	1962	252.308	-	Typ V 10 B; Abnahme am 28.02.1962; 1993 abgestellt; 1996 an Verein »Weferlingen-Haldenslebener Eisenbahnfreunde e.V.«
370 125	B-dh	LKM Ba-belsberg	1968	262.037	ex 102 003-1	Typ V 22 B; ab 01.12.1972; + ?
-	B-dm	LKM Ba-belsberg	1970	265.014	ex 312 114-2	ab 31.10.1997; + ?

Das Raw Halberstadt übergab das Baumuster am 15. Dezember 1989 an das Bahnbetriebswagenwerk (Bww) Erfurt zur Betriebserprobung. Doch angesichts des massiven Rückgangs der Fahrgastzahlen wurde das Projekt bereits Ende 1990 beendet. Für die rund 1.700 Beschäftigten des Raw Halberstadt hatte dies gravierende Folgen. Als reiner Schienenfahrzeugproduzent verlor das Werk sehr schnell an Bedeutung. Mit dem 1992 beginnenden Umbau der »Langen Halberstädter« für den Fern- und Nahverkehr konnten die vorhandenen Kapazitäten kaum ausgelastet werden. 1993 privatisierte die DR die Hülsenpufferfertigung, die fortan der Eisenbahntechnik GmbH oblag. Bis zu diesem Zeitpunkt hatte das Raw Halberstadt über 825.000 Hülsenpuffer geliefert.

Bei der Umwandlung des Raw Halberstadt in ein Werk 1994 zählte die DB AG noch rund 850 Beschäftigte, die aber alle Angst um ihren Arbeitsplatz hatten. Große Teile des Werkes standen leer, daran konnte auch die Modernisierung von Schmalspurwagen (1995) oder der Umbau von Wagen für den Intercity- und Interregio-Verkehr (1995/96) nichts ändern. Ab 1996 verging kaum ein Monat, in dem es keine neuen Gerüchte hinsichtlich der Zukunft des einst modernsten Ausbesserungswerkes der DR gab. Das Werk Halberstadt passte nicht in die Struktur des GB Traktion und Werke. Daher wurde das ehemalige Raw 1997 als Fahrzeugbau Halberstadt (FBH) dem neuen GB Spezialwerke unterstellt. Ziel war nun eine Privatisierung des Unternehmens. Die DB AG verkauft das Werk schließlich 2002 an die Zeppenfeld-Gruppe, die es in die »Verkehrs Industrie Systeme GmbH« (VIS) umbenannte. Die VIS zählt derzeit rund 140 Mitarbeiter und führt die Eisenbahn-Tradition in Halberstadt fort.

3.3 Das Raw Potsdam

Das Raw Potsdam gilt als das älteste Ausbesserungswerk der DR. Bereits einige Monate vor der Eröffnung der Strecke Potsdam–Zehlendorf (22.09.1838) hatte die Berlin-Potsdamer Eisenbahn-Gesellschaft (BPE) auf einem Rittergut, den so genannten Wendlerschen Grundstücken, in der Nähe des Potsdamer Bahnhofs eine Werkstatt errichten lassen. Diese bestand im Wesentlichen aus einem Fahrzeugschuppen, einer Schmiede, einem kleinen Verwaltungsgebäude und einem Kohlenlager. Unter der Leitung des Engländers William Turner wurden hier zunächst die von der BPE erworbenen und in Einzelteilen angelieferten Lokomotiven und Triebwagen montiert. Dazu beschäftigte die BPE zunächst Fachkräfte aus England und den USA, die die deutschen Handwerker in der neuen Technik unterwiesen. Bereits am 1. November 1838 standen vier Handwerker, zwei Schlosser, ein Schmied und ein Tischler aus Deutschland in den Diensten der BPE. 1845 zählte die Werkstatt 38 Beschäftigte. Im Gegensatz zu anderen Fachleuten blieb William Turner in Deutschland und leitete viele Jahre die Werkstatt in Potsdam. Sein Bruder Hiram Turner stand später lange Zeit der Wagenabteilung (bis 1888) der BPE vor.

Das Raw Potsdam war ab dem Herbst 1960 für die Unterhaltung der zwei- und dreiachsigen Reisezugwagen der DR verantwortlich. Die als »Donnerbüchsen« bezeichneten zweiachsigen Einheitspersonenwagen hatten bei der DR erst in der zweiten Hälfte der 1970er-Jahre ausgedient. 86 1722-7 stand am 28. Februar 1976 im Bahnhof Gerbstedt vor einem aus »Donnerbüchsen« gebildeten Personenzug. Foto: Slg. D. Endisch

Ab 1977 oblag dem Raw Potsdam die Erhaltung der vierachsigen Reko-Wagen der Gattung Bghw. Die Wagen verloren nach der Wende schnell an Bedeutung. Bereits 1995 endete der planmäßige Einsatz der Bghw-Wagen. Zuletzt waren die Fahrzeuge meist auf Nebenbahnen anzutreffen, wie hier am 19. Mai 1992 im Bahnhof Neuwegersleben (Strecke Oschersleben–Gunsleben). Foto: F. Köhler

Mit der Verlängerung der Strecke nach Magdeburg ging die BPE am 10. Juli 1846 in der neu gegründeten Berlin-Potsdam-Magdeburger Eisenbahn-Gesellschaft (BPME) auf. Um Platz für das Streckengleis in Richtung Werder (Havel) zu schaffen, musste die erste Werkstatt abgetragen werden. Die neuen Anlagen entstanden an der Alten Königsstraße nach Berlin. Die BPME beschäftigte in der Lokwerkstatt 1850 etwa 90 Handwerker. Nach der Verlegung der Wageninstandhaltung von Berlin nach Potsdam (1855) ließ die BPME 1860 an der Saarmunder Straße eine neue Werkhalle mit 22 Ständen und einer Schiebebühne errichten. Für den Antrieb der Werkzeugmaschinen stand eine Dampfmaschine zur Verfügung. 1868 entstanden neue Schuppen für die Wagenabteilung, deren charakteristische Sheddächer für mehr als 130 Jahre das Bild der Hauptwerkstätte prägten. Die älteren Gebäude wurden als Beamtenwohnhäuser oder Lager genutzt. Bei der Übernahme der BPME durch die Preußische Staatsbahn am 1. April 1880 waren rund 350 Arbeiter und Angestellte in der Hauptwerkstatt beschäftigt. Auch der neue Eigentümer investierte in Potsdam. Beispielsweise entstand 1890 ein halbrunder Lokschuppen zum Anheizen und Abstellen der fertiggestellten Maschinen. Ab 1889 war in Potsdam der Hofzug des deutschen Kaisers stationiert, für den ein eigener Schuppen (»Hofwagenhalle«) zur Verfügung stand. Bereits 1891 rüstete die Preußische Staatsbahn die ersten Werkzeugmaschinen der HW Potsdam mit einem elektrischen Antrieb aus. Ab 1895 stand eine elektrische Rangierlok für den Verschub zur Verfügung. Außerdem entstanden der markante Wasserturm (1894) und die Wohnsiedlung »Daheim« (1897) für die Beschäftigten der Hauptwerkstatt.

Die HW Potsdam war eine der wichtigsten Werkstätten der Preußischen Staatsbahn, da hier ab 1895 alle modernen vier- und sechsachsigen Schnellzugwagen unterhalten wurden. Angesichts des stetig wachsenden Fahrzeugparks musste die HW Potsdam, die 1900 rund 700 Mitarbeiter hatte, stetig erweitert werden. Östlich der vorhandenen Anlagen entstanden 1907 eine neue Schmiede und eine Gießerei. Gegenüber der Schmiede wurde 1912 die »Neue Halle« errichtet. Die eigens für die Instandsetzung von Drehgestellwagen konzipierte Werkstatt war mit modernen Hubständen und Schiebebühnen ausgerüstet. Außerdem hatte die Preußische Staatsbahn 1909 eine röhrenförmige Desinfektionsanlage für Schnellzugwagen in Betrieb genommen. Damit konnte der zeit- und kostenintensive Ausbau der Polster entfallen. Bis zum Beginn des Ersten Weltkrieges stieg die Anzahl der Beschäftigten auf 775 an. Diese mussten nun nicht nur Lokomotiven und Wagen reparieren, sondern auch Güterwagen für den Truppentransport

Das Raw Potsdam entwickelte für die DR die so genannten Einheitshilfszüge, die aus jeweils einem Geräte-, Maschinen- und Mannschaftswagen bestanden. Bis 1980 verließen insgesamt 50 dieser Hilfszüge das Raw Potsdam. Im Sommer 1995 standen im Bahnhof Halberstadt die Einheitshilfszüge der ehemaligen Bahnbetriebswerke Halberstadt und Güsten. *Foto: D. Endisch*

umbauen sowie Personenwagen für Lazarettzüge herrichten. Nach Kriegsende arbeiteten rund 2.000 Männer und Frauen in der HW Potsdam. Doch bereits 1922 begann die Reichsbahn damit, Personal abzubauen und die Fertigung zu rationalisieren. Zunächst endete die Güterwagen-Instandhaltung (1922), bevor Anfang 1925 die Lokabteilung geschlossen und deren Aufgaben nach Brandenburg West und Berlin-Tempelhof verlagert wurden. Im Gegenzug baute die DRG in Potsdam die Wagenunterhaltung aus. Das RAW Potsdam war in den 1930er-Jahren das wichtigste Ausbesserungswerk für die Schnellzugwagen der DRG. Der Erhaltungsbestand des Werkes umfasste rund 2.500 Fahrzeuge, zu denen u.a. auch die Salonwagen der Reichsregierung zählten. Angesichts dieser Bedeutung hatte die Reichsbahn u.a. 1934 die »Neue Halle« modernisiert und eine leistungsfähige Drehgestellwerkstatt aufgebaut.

Beim großen Luftangriff auf Potsdam am 14. April 1945 wurden auch die Anlagen des Ausbesserungswerkes schwer zerstört. Am 5. Mai 1945 begannen rund 80 Eisenbahner mit dem Wiederaufbau. Doch dieser ging nur langsam voran. Einige ältere Gebäude wurden nicht wieder instandgesetzt, andere zunächst nur provisorisch repariert. Die »Neue Halle« konnte erst ab 1949 wieder genutzt werden. Zu diesem Zeitpunkt hatte sich der Aufgabenbereich des Raw Potsdam grundlegend geändert. Angesichts der schweren Schäden gab die DR die Erhaltung der Schnellzugwagen auf. Bis 1948 setzten die Eisenbahner neben Personenwagen auch Güter- und Bahndienstwagen instand, bevor das Raw Potsdam zum Stammwerk für die gedeckten Güterwagen der DR wurde. Dank neuer, zwischen 1950 und 1952 eingeführter Fertigungstechnologien und einem Dreischichtbetrieb in der Produktion konnte die Leistungsfähigkeit des Werkes erheblich gesteigert werden. Doch bereits Ende der 1950er-Jahre zeichneten sich abermals Veränderungen für das Raw Potsdam ab. Nach der Schließung des Raw Gotha (siehe S. 123) verlagerte die HvRaw zum 1. Oktober 1960 die Erhaltung der zwei- und dreiachsigen Reisezugwagen nach Potsdam. Die gedeckten Güterwagen arbeitete fortan das Raw Magdeburg auf. Neben den zwei- und dreiachsigen Altbau- und Reko-Wagen wurden im Raw Potsdam auch Postwagen (ab 1967) sowie Bahndienstwagen (ab 1969) instandgesetzt. Die Zahl der Altbaufahrzeuge nahm jedoch ab 1967 deutlich ab, da Personen- und Packwagen mit Holzaufbauten keine Hauptuntersuchungen (R 4) mehr erhielten.

Angesichts dieser Entwicklung beschloss die DR, im Raw Potsdam die Unterhaltung der vierachsigen Reko-Wagen (Gattung Bghw) zu konzentrieren. Die dafür notwendigen Umbauten und Modernisierungen begannen 1971. Bis 1975 investierte die DR rund 20 Millionen Mark in das Werk. Dort wurden ab 1971 zunächst die vierachsigen Bahndienst- und Sonderwagen der DR unterhalten, bevor 1977 die Aufarbeitung der Bghw-Wagen begann. Zu diesem Zeitpunkt hatte die Rbd Aw das Raw Potsdam bereits als Stammwerk für die Unterhaltung der »Langen Halberstädter« auserkoren. Aus diesem Grund erhielt das Werk u.a. eine 26 m lange Schiebebühne, die am 8. Dezember 1977 in Betrieb genommen wurde. Außerdem entstand eine neue Metallleichtbauhalle (Halle 3), die am 30. Dezember 1981 durch den Präsidenten der Rbd Aw, Günter Klotz, eingeweiht wurde.

Doch das Raw Potsdam arbeitete nicht nur Wagen auf, es übernahm auch immer wieder Sonderaufträge. Dazu gehörten u.a. die Entwicklung und der Bau der Einheitshilfszüge der DR. Die werkeigene Konstruktionsabteilung projektierte einen neuen Hilfszug, der aus einem Geräte- und Maschinenwagen sowie einem Mannschaftswagen bestand. Der Musterzug wurde ab Dezember 1975 erprobt, bevor 1977 die Fertigung begann. Der erste Einheitshilfszug wurde am 24. November 1978 ausgeliefert. Bis 1980 verließen insgesamt 50 Einheiten das Raw Potsdam, das ab 20. August 1982 den Namen »Erwin Kramer« (siehe Kasten S. 84) trug.

In den 1980er-Jahren bestimmte die Unterhaltung der Bghw- und Bahndienstwagen das Produktionsprofil des Werkes, das im Herbst 1988 mit einer großen Fahrzeugausstellung (17.–25.09.1988) und Sonderfahrten nach Beelitz Stadt sein 150-jähriges Bestehen feierte.

Die Werklokomotiven des Raw Potsdam						
Betriebs-Nr.	Bauart	Hersteller	Baujahr	Fabrik-Nr.	DR-Nr.	Bemerkungen
ASF 01	Bo-a	LKM Babelsberg	1959	253.006	ex V 15 1005	++ 1991
WL 1	Cn2t	Jung	1899	352	ex 89 7279	ab 18.05.1932; + ?
WL 1^II	B-dm	Gmeinder	1936	1.244	ex Kö 0195	ab 1951; + ?
WL 2	B-dm	Windhoff	1930	216	ex Kö 4010	ab 05.06.1936; + ?
WL 2^II	B-dm	Windhoff	1935	279	ex Kö 0151	ab 1950; + ?
WL 2^III	B-dm	Gmeinder	1938	2.012	ex 100 084-3	ab 21.01.1974; + ?
WL 3	B-dm	Windhoff	1935	293	ex Kö 0165	ab 1950; + ?
WL 3^II	B-dm	Deutz	1940	33.039	ex Kö 0293	ab 1962; ++ 1971
WL 4	B-dm	LKM Babelsberg	1958	251.234	-	Typ N 4; an Eisenbahnmuseum Oderland (Wriezen) verkauft
WL 5	B-dm	Jung	1938	7.669	ex Kö 0295	Typ ZN 113; ab 1952; ++ 1960
WL 5^III	B-dh	LKM Babelsberg	1967	261.542	-	Typ V 18 B; an VEB Märkische Möbelwerke Trebbin geliefert; ab 1971; + ?
WL 6	B-dm	Henschel	1940	25.409	ex Kö 0294	Typ DG 39; ab 1961; + ?
WL 6^II	1´Ch2t	Borsig	1921	11.066	ex 74 1296	ab 01.09.1966; + ?
WL 6^III	B-dh	LKM Babelsberg	1968	262.037	ex 102 003-1	Typ V 22 B; ab 25.01.1972; am 30.11.1972 an Raw Halberstadt
WL 6^IV	B-dh	LKM Babelsberg	1968	262.064	ex 102 030-4	ab 04.11.1973; später an Raw Dessau
WL 7	B-dh	LKM Babelsberg	1959	253.006	ex V 15 1005	Typ V 15 B; ab 1970; 1984 Umbau in ASF 01
WL 8	B-dh	LKM Babelsberg	1967	261.551	-	Typ V 18 B; Abnahme am 19.09.1967; 1978 an Raw Meiningen
WL 9	D-dh	LKM Babelsberg	1963	270.104	ex 106 102-7	Typ V 60 D; ab 02.12.1974; + ?
WL 10	D-dh	LEW Hennigsdorf	1975	14.827	-	Typ V 60 D; geliefert an VEB Betonkombinat Potsdam; ab 1976 (für Zst Brandenburg)
WL 11	B-dh	LKM Babelsberg	1968	262.095	ex 102 046-0	ab 27.01.1974; am 24.06.1974 an Raw Karl-Marx-Stadt
WL 11^II	B-dh	LKM Babelsberg	1962	261.095	ex 101 177-4	Typ V 18 B; ab 01.07.1976; + ?

Erwin Kramer

Erwin Kramer wurde am 22. August 1902 in Schneidemühl als Sohn eines Lokführers geboren. Nach einem Praktikum im RAW Schneidemühl (1920–1922) studierte Kramer, der seit 1919 Mitglied der Kommunistischen Jugend Deutschlands war, Elektro- und Eisenbahntechnik an der Technischen Hochschule (TH) Berlin. 1929 trat Kramer der KPD bei. Von 1930 bis 1932 absolvierte er eine Bauführerausbildung bei der Deutschen Reichsbahn-Gesellschaft. 1932 war er zeitweise in Berlin-Moabit inhaftiert. Angesichts eines drohenden Hochverratsprozesses emigrierte er 1932 in die Sowjetunion, wo er am Zentralen Forschungsinstitut für Verkehrswesen in Moskau arbeitete. Ab November 1937 kämpfte er als Mitglied der Internationalen Brigaden im Spanischen Bürgerkrieg. 1939 war er vor seiner Rückkehr in die Sowjetunion zeitweilig in Frankreich interniert. Da er Lebensmittelkarten auf dem Schwarzmarkt verkaufte, wurde er 1943 aus der KPD ausgeschlossen. Im Dezember 1945 kehrte Erwin Kramer nach Deutschland zurück. 1946 trat er in die Sozialistische Einheitspartei Deutschlands (SED) ein. Bis 1949 leitete er die Maschinentechnische Abteilung, bevor er zum stellvertretenden Generaldirektor der DR berufen wurde. Ab 1950 war Kramer Generaldirektor der DR und ab 26. November 1954 in Personalunion auch Minister für Verkehrswesen. Für seine Verdienste bei der Entwicklung der Doppelstockwagen erhielt er 1959 den Nationalpreis der DDR. Aus gesundheitlichen Gründen bat Erwin Kramer am 14. Dezember 1970 um die Entbindung von seinen Aufgaben. Er verstarb am 10. November 1979 in Berlin.

Nur zwei Jahre später hatte sich das Bild grundlegend geändert: Mit dem Zusammenbruch des Schienenverkehrs verlor auch das Raw Potsdam sehr schnell an Bedeutung. Die vorhandenen Kapazitäten konnten auch durch neue Aufträge, wie z.B. die Unterhaltung der Bahndienstwagen der DB oder die Modernisierung von Nahverkehrswagen, nur bedingt ausgelastet werden. Zählte das Raw Potsdam im Sommer 1988 noch rund 1.350 Beschäftigte, so waren es bei der Gründung der DB AG 1994 nicht einmal mehr 550. Zu diesem Zeitpunkt waren die Tage des Werkes bereits gezählt. Am 31. Dezember 1999 legte die DB AG die Anlagen offiziell still. Bereits am 18. November 1999 hatte der letzte Wagen das Werk verlassen. Auf dem westlichen Teil des Geländes entstand später das Einkaufszentrum »Potsdam-Center«. Heute erinnert nur noch der imposante Wasserturm an das ehemalige Raw Potsdam.

3.4 Das Raw Wittenberge

Die am 27. Juli 1843 gegründete Berlin-Hamburger Eisenbahn-Gesellschaft (BHE) entwickelte sich dank ihrer 1846 eröffneten Stammstrecke zu einem der profitabelsten Unternehmen in Deutschland. Mit dem Anwachsen des Fahrzeugparks musste die BHE auch ihre Werkstattkapazitäten entsprechend erweitern. 1872 begannen die Planungen für eine neue Hauptwerkstatt in Wittenberge. Die Bauarbeiten waren vergleichsweise aufwändig, da das nordöstlich des Bahnhofs gelegene Areal erst aufgeschüttet und entwässert werden musste. Am 1. Januar 1876 nahm die BHE schließlich die 51.000 m² große Hauptwerkstatt in Betrieb. Rund 100 Beschäftigte setzten hier neben Personen-, Pack- und Güterwagen auch Lokomotiven und Weichen instand. 1884 Übernahme die Preußische Staatsbahn die BHE und damit auch die HW Wittenberge, die in den folgenden Jahren u.a. durch eine neue Lok- und Wagenwerkstatt (1889), eine Lackiererei (1895), eine Kesselschmiede (1908) und ein Verwaltungsgebäude (1908) erweitert wurde. Außerdem vergrößerte die Preußische Staats-

Das Raw Wittenberge war ab 1951 Erhaltungswerk für die Schnelltriebwagen der DR. Am 23. September 1975 standen zwei SVT der Bauart »Görlitz« vor der Triebwagenhalle in Wittenberge.

Foto: Rammelt, Slg. G. Schütze

bahn 1909 und 1912 die Wagenwerkstatt. Bereits seit 1894 besaß die HW Wittenberge ein eigenes Kraftwerk für die Stromversorgung. Im Jahr 1900 zählte das Werk etwa 900 Beschäftigte. In den Jahren 1913/14 errichtete die Preußische Staatsbahn in Wittenberge eine Werkstatt für Wagenplanen und eine Brikettfabrik.

Während des Ersten Weltkriegs stieg die Zahl der Mitarbeiter deutlich an. Anfang 1919 waren rund 2.400 Männer und Frauen in der HW Wittenberge beschäftigt. 1922/23 begann die Reichsbahn jedoch damit, Personal abzubauen. Nach der Schließung der Weichen- und Lokwerkstatt 1926 wies der Stellenplan des RAW Wittenberge nur noch rund 1.000 Arbeitsplätze aus. Weitere Eisenbahner waren bei dem am 1. April 1923 gegründeten »Versuchsamt für Schweißerei«, der späteren Schweißtechnischen Versuchsanstalt (SVA), beschäftigt, die auf dem Gelände des RAW Wittenberge untergebracht war. Die SVA war für die Aus- und Weiterbildung aller Schweißer und Schweißingenieure der DRG verantwortlich. Der Schulungsbetrieb begann offiziell am 1. Dezember 1924.

Das RAW Wittenberge war in den 1920er- und 1930er-Jahren in erster Linie für die Erhaltung zwei- und dreiachsiger Pack- und Reisezugwagen zuständig. Außerdem übernahm das Werk Bedarfsausbesserungen (G 0) bei Güterwagen. Ein neues Kapitel in der Werks-

Für den Einsatz auf den Relationen Berlin–Hamburg, Berlin–Prag und Berlin–Warschau–Brest beschaffte die DR von der ungarischen Firma Ganz vier vierteilige Triebwagen der Baureihe VT 12.14. Der VT 12.14.03 stand am 12. Juni 1969 im Raw Wittenberge. *Foto: Dürlich, Slg. G. Schütze*

geschichte begann Ende 1928 mit der Unterhaltung von Verbrennungstriebwagen (VT). Die so genannte Triebwagen-Abteilung gewann binnen weniger Jahre immer mehr an Bedeutung, so dass 1930 die Reparatur der Güterwagen endete. Gleichwohl musste die DRG während der Weltwirtschaftskrise auch im RAW Wittenberge Kündigungen aussprechen. Im Sommer 1933 waren hier nur noch rund 800 Eisenbahner beschäftigt, die für die Erhaltung von 29 Triebwagen und über 2.500 Reisezugwagen verantwortlich waren.

In den 1930er-Jahren investierte die DRG erhebliche Mittel in den Ausbau der Triebwagen-Abteilung. 1933 läutete der Triebwagen VT 877 a/b, besser bekannt als »Fliegender Hamburger«, die Ära der Schnelltriebwagen (SVT) im RAW Wittenberge ein. Neben der VT-Abteilung entstand 1934 eine eigene SVT-Abteilung, für die 1935 die so genannte Hebe-Halle gebaut wurde. In der eigens für die Erhaltung der SVT konzipierten Werkstatt gab es eine spezielle Hubeinrichtung, mit der die Triebzüge komplett angehoben und die Triebdrehgestelle ein- bzw. ausgebaut werden konnten. Außerdem entstanden moderne Elektro-, Getriebe- und Motorenwerkstätten einschließlich der dazu notwendigen Prüfstände. Damit wurde Wittenberge zum zentralen Instandhaltungswerk für die Triebwagen der Reichsbahn. Außerdem arbeitete das Werk ab 1936 auch Kleinlokomotiven sowie

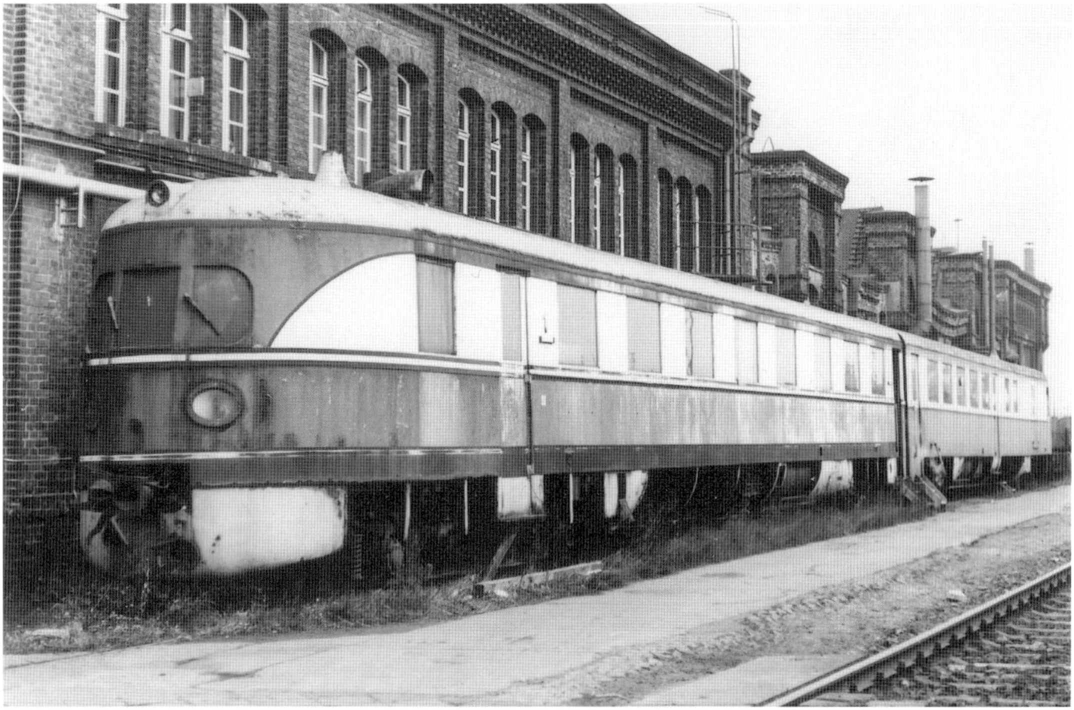

In den 1970er-Jahren spielten die SVT aus der Vorkriegszeit betrieblich keine Rolle mehr. Dieser zweiteilige SVT diente zuletzt als so genannter Werkstattwagen im Raw Wittenberge (Aufnahme vom November 1974).
Foto: E. Ebert, Slg. G. Schütze

später auch Dieselloks für das Militär auf. Während des Zweiten Weltkrieges schränkte die Reichsbahn zwar die Triebwagen-Unterhaltung ein, erweiterte aber im Gegenzug die Wagen-Reparatur. Die Lücken in der Stammbelegschaft wurden ab Ende 1940 durch Kriegsgefangene geschlossen, für deren Unterbringung Baracken auf dem Werksgelände errichtet wurden. Ab 1941 arbeitete das RAW Wittenberge auch für die Wehrmacht. Diese ließ hier in erster Linie Maybach-Motoren für Panzer aufarbeiten.

Im Januar 1945 stieg die Zahl der Beschäftigten des RAW Wittenberge deutlich an. Die Reichsbahn evakuierte die Belegschaft des RAW Osterode (Ostpreußen) hierher. Als wenige Monate später, im Mai 1945, die Rote Armee in Wittenberge einmarschierte, waren die Anlagen des Werkes weitgehend unbeschädigt. Allerdings stufte die Sowjetische Militäradministration in Deutschland (SMAD) das RAW Wittenberge als Rüstungsbetrieb ein und ließ daher umgehend alle Anlagen als Reparationsleistung demontieren. Dies galt auch für die SVA.

Als im Juni 1945 die ersten Eisenbahner in das Werk zurückkehrten, fanden sie nur noch leere Hallen vor. Nur mit Mühe konnten wieder Werkzeugmaschinen beschafft und die ersten Dampfloks und Güterwagen repariert werden. Ab 1946 wurden auch wieder Triebwagen und Kleinloks aufgearbeitet.

Nach einer Bedarfsausbesserung wartete der zweiteilige SVT 184 002 (ex VT 137 291 a/b) am 2. September 1975 im Raw Wittenberge auf seine Rückfahrt nach Berlin-Karlshorst. Der Triebwagen wurde 1984 ausgemustert und zwei Jahre später im Raw Wittenberge verschrottet. Foto: Slg. G. Schütze

Mit der Gattungsbereinigung des Fahrzeugparks im Frühjahr 1947 änderte sich auch das Bild in den Werkhallen des Raw Wittenberge. Dort wurden nun neben Kleinloks und Triebwagen sowie den Baureihen 64 und 91 auch die Schmalspurdampfloks der Reichsbahndirektionen Greifswald und Schwerin unterhalten. Ab 1951 gehörte kurzzeitig auch die Baureihe 56.20–29 (bis 1953) zum Erhaltungsbestand. Außerdem setzten die Werkstätteneisenbahner Personen-, Pack- und Güterwagen instand. 1949 verließen u.a. 143 Dampfloks und über 1.000 Reisezugwagen das Werk, dem ab 1. Januar 1950 die WA Perleberg unterstand (siehe S. 148).

Ab 1951 baute die DR die VT-Abteilung weiter aus. Das Raw Wittenberge war jetzt alleiniges Unterhaltungswerk für alle SVT der DR sowie die mehrteiligen Nahverkehrstriebwagen der Bauarten »Ruhr« und »Stettin«. 1953/54 baute das Werk einen SVT der Bauart »Hamburg« (VT 137 225) zum Salonwagen für die DDR-Regierung um. Ab 1954 trug das Raw Wittenberge die Hauptlast der VT-Erhaltung, auch wenn das Raw Dessau erst zum 1. Januar 1965 die letzten Triebwagen aus seinem Unterhaltungsbestand strich. Die Typenvielfalt reichte von den Vorkriegsfahrzeugen der Baureihen VT 133, VT 135 und VT 137 (Regel- und Schmalspur) über die SVT der Bauarten »Hamburg«, »Köln« und »Leipzig« bis hin zu den Neubau-Fahrzeugen der Baureihe VT 2.09 (ab 1962) und dem SVT der Bauart »Görlitz« (ab 1963). Auch die zwei- und vierachsigen Steuer- und Beiwagen der Baureihen VB 140, VS 144, VS 145 und VB 147 gehörten zu den Aufgaben der Wittenberger Eisenbahner.

Aufgrund der vorhandenen Hebehalle fasste die HvRaw 1956 den Beschluss, im Raw Wittenberge die Unterhaltung der neuen Doppelstockgliederzüge (Gattung DGB) sowie der zwei- und vierteiligen Doppelstockwagen (Gattungen DBz und DBv) zu konzentrieren. Um die dafür benötigten Kapazitäten zu schaffen, endete 1956 die Dampflokunterhaltung. Zwei Jahre später gab das Raw Wittenberge auch die Unterhaltung der zwei- und dreiachsigen Reisezugwagen auf. Stattdessen wurden hier ab 1959 die Maschinenkühlzüge der DR repariert. Damit prägten nun über Jahre hinweg Triebwagen aller Art und Doppelstockwagen das Bild auf dem Werksgelände.

Neben den regulären Instandhaltungsarbeiten übernahm das Werk auch immer wieder Sonderaufträge. 1961 wurde ein dreiteiliger SVT der Bauart »Leipzig« (VT 137 234) als Salonfahrzeug der DDR Regierung umgebaut. Außerdem lieferte das Raw Wittenberge u.a. 60 Bauzugwagen für die Streckenelektrifizierung (1957), ein Trockenzelt für die Ziegelei Muggerkuhl (1957), 1.000 Formen für Betonschwellen (1960/61) und Kraftstoffbehälter für Tankfahrzeuge der Nationalen Volksarmee. In den Jahren 1959/60 setzte das Werk kurzfristig Schotterbettreinigungs- und Gleisstopfmaschinen für die Verwaltung Bahnanlagen instand.

Ab Ende der 1960er-Jahre wandelte sich das Bild im Raw Wittenberge. Die Erhaltung der Baureihen VB 140 und VS 145 übernahm am 1. Juli 1968 das Raw Berlin-Schöneweide, wo ein Jahr später auch die Baureihe VB 147 betreut wurde (siehe S. 25). Die Unterhaltung der Altbau-Triebwagen endete Anfang der 1970er-Jahre mit der Ausmusterung der letzten Exemplare. Fortan wurden im Wittenberge nur noch die SVT der DR sowie die als »Ferkeltaxen« bekannten Triebwagen der Baureihe 171/172 (ex Baureihe VT 2.09) aufgearbeitet. Für die Kontrolle der Elektroschaltgetriebe der Baureihe 171/172 stand ab 1973 ein entsprechender Prüfstand zur Verfügung. Sieben Jahre später gab das Raw Wittenberge die »Ferkeltaxen« an das Raw Halle (Saale) ab. Damit endete de facto die Triebwagen-Ära, denn die letzten noch vorhandenen SVT der Bauart »Görlitz« erhielten nur noch Auslaufuntersuchungen.

Die dadurch freigesetzten Fertigungskapazitäten nutzte die DR 1979 zeitweilig zum Bau von Fahrleitungsmontage- und Trommelwagen, die aber ab 1981 im Raw Stendal gefertigt wurden. 1981 erhielt das Raw Wittenberge schließlich den Auftrag, die als »Lange Halberstädter« bekannten Reisezugwagen zu unterhalten. Außerdem übertrug die Rbd Aw dem Werk die Erhaltung der 32-achsigen Schwerlast-Transportwagen (1985) und der neuen Oberleitungsrevisionstriebwagen der Baureihe 188.3 (1987). Damit hatten die Eisenbahner des Raw Wittenberge, das ab 13. Juni 1986 »Wiethold Schubert« (siehe Kasten S. 90) hieß, alle Hände voll zu tun.

Dies änderte sich jedoch mit den politischen und wirtschaftlichen Veränderungen der Jahre 1989/90. Nach der Schließung der WA Perleberg im Sommer 1992 wurden in Wittenberge auch die Fahrzeuge der Schmalspurbahnen des Harzes und der Ostseeküste instandgehalten. Später folgten auch die Wagen der Inselbahn Wangerooge. Bereits 1991 hatte das Werk von der DB den Auftrag zur Entwicklung einer neuen Kopfform für Steuerwagen übernommen. Auf Basis eines Entwurfs des in München ansässigen Designzentrums der DB entstand in Wittenberge ein Modell im Maßstab 1 : 1 für die als »Silberlinge« bezeichneten Wagen (Gattung Bnrz). Dies bildete die Grundlage für die heute als Steuerwagen der Bauart »Wittenberge« bekannten Fahrzeuge. Zwar zählte Wittenberge nach der Langfristigen Werkeordnung (LWO) zu den Standorten, die erhalten bleiben sollten, gleichwohl musste auch hier Personal abgebaut werden. Daran konnte auch die 1992 beginnende Modernisierung der Reisezugwagen der Gattung Bmh und der Doppelstockwagen der Gattung DBm nichts ändern. Bei der Umwandlung des Raw Wittenberge in ein Werk im Januar 1994 waren hier nur noch rund 900 Männer und Frauen beschäftigt. Neben der klassischen Instandhaltung gewann in den 1990er-Jahren der Umbau und die Sanierung von Fahrzeugen stetig an Bedeutung. Ab 1996 modernisierte das Werk die Doppelstock-Steuerwagen der Gattung DABbuzf 778. Aber auch Elektrotriebwagen der Baureihe 420 und Dieseltriebwagen der Baureihen 642 und 646 waren nun in den Werkhallen anzutreffen. Ein weiteres wichtiges Standbein für das Werk Wittenberge, das ab 1998 zum GB Nahverkehr gehörte, war die Erhaltung der Doppelstockwagen, von denen die DB AG bis Ende 1999 rund 800 Stück in Dienst stellte. Parallel dazu wurde die Komponentenfertigung ausgebaut. Neben Radsätzen und Drehgestellen werden seit 2003 vor allem Sitzpolster für andere Werke aufgearbeitet.

Die DB AG fasste das Werk Wittenberge am 1. Januar 2001 mit dem Werk Neumünster zum so genannten Produktionsbereich Reisezugwagen zusammen. Daher wurden ab 2002 auch Wagen des DB-Fernverkehrs und Fahrzeuge des Bereichs Notfalltechnik in Wittenberge repariert (bis 2010). Heute ist das Werk Wittenberge mit rund 800 Beschäftigten der größte industrielle Arbeitgeber der Region.

Wiethold Schubert

Wiethold Schubert wurde am 20. März 1914 in Wittenberge geboren. Nach dem Besuch der Friedrich-Ludwig-Jahn-Schule arbeitet er als Eisverkäufer. Schubert war Mitglied des Kommunistischen Jugendverbandes Deutschlands, dessen Ortsgruppe Wittenberge er leitete. Am Abend des 22. Februar 1933 wurde er von einer Gruppe SA-Leute überfallen, da diese Flugblätter bei ihm vermuteten. Bei der Auseinandersetzung verletzte er einen SA-Mann. Schubert flüchtete daraufhin nach Hamburg, wo er jedoch verhaftet wurde. Am 23. November 1933 wurde Wiethold Schubert zu sieben Jahren Zuchthaus verurteilt. Von der Haftanstalt Oranienburg wurde er im Sommer 1941 in die Nervenheilanstalt Bernburg verlegt, wo er am 24. Juni 1941 ermordet wurde.

Die Werklokomotiven des Raw Wittenberge

Betriebs-Nr.	Bauart	Hersteller	Baujahr	Fabrik-Nr.	DR-Nr.	Bemerkungen
ASF 03	B-dh	LKM Babelsberg	1959	253.021	ex V 15 1020	+ 11.11.1992; ++ 04.1993 Raw Wittenberge
WL 1	Cn2t	Wolf	1898	402	ex 89 7228	ab 06.05.1931; ?
WL 1II	B-dh	LKM Babelsberg	1959	253.021	ex V 15 1020	ab 1972; 1984 Umbau zu ASF 03
WL 2	1´Cn2t	Union	1908	1.658	ex 74 263	ab 1936; + ?
WL 5	B-dh	LKM Babelsberg	1972	262.353	-	Typ V 22 B; an VEB Märkische Ölwerke Wittenberge geliefert; ab 04.10.1990; an Bahnreinigungsgesellschaft mbH Leipzig (WL 262 353-6) für Werk Wittenberge; später an DB Service (312 353-6) für Werk Wittenberge
805-80/1	Cn2t	Henschel	1912	10.938	ex 89 6158	pr. T 3; an Ostprignitzer Kreiskleinbahnen geliefert; ab 15.08.1954; + 1964
805-80/2	B-dm	BMAG	1935	10.424	ex Kö 5722	Typ LDE 50/80; an RAW Bremen geliefert; ab 1946 DR; ab 1965; auch als »WL 2II« bezeichnet; + 1990; 1991 als Denkmal im Raw Wittenberge aufgestellt
805-80/3	B-dm	O & K	1939	20.719	ex Kb 5719	Typ RL 11; an Luftwaffe geliefert; ab 1946 DR; ab 1955; + 1965
805-80/3II	B-dh	LKM Babelsberg	1968	262.132	-	auch als »WL 3« bezeichnet; an Bahnreinigungsgesellschaft mbH Leipzig (Lok 001) für Werk Wittenberge; später an DB Service (Lok 001) für Werk Wittenberge
805-80/4	B-dm	DWK	1935	559	ex V 16 073	Typ D 150; an Deutsche Wehrmacht geliefert; 1946 an DR; ab 1960; auch als »WL 4« bezeichnet; + 1964
805-80/5	Ch2t	Jung	1928	3.866	ex 80 027	auch als »WL 5« bezeichnet; ab 01.11.1963; + 1967
805-80/6	B-dm	DWK	1937	589	ex V 16 072	Typ D 200; an Ruppiner Eisenbahn AG geliefert; ab 17.11.1964; auch als »WL 6« bezeichnet; + 1967
-	B-dm	Henschel	1934	22.344	ex 310 547-5	ab 29.06.1994 (als Gerät); an »Historischen Lokschuppen Wittenberge«

4. Ausbesserungswerke für Güterwagen

4.1 Das Raw Berlin Warschauer Straße

Das Reichsbahnausbesserungswerk (Raw) Berlin Warschauer Straße gilt als der älteste Industriebetrieb im Bezirk Berlin-Friedrichshain. Die Ursprünge des Werkes, das sich südlich der Revaler Straße erstreckt und im Westen von der Warschauer Straße begrenzt wird, reichen zurück bis in das Jahr 1867. Die Königliche Direktion der Ostbahn nahm hier am 1. Oktober 1867 die ersten Werkstätten in Betrieb. Nach nur wenigen Jahren zählte die Hauptwerkstatt (HW) rund 600 Arbeiter und Beamte, die Lokomotiven sowie Personen-, Pack- und Güterwagen aufarbeiteten. Nach der Eröffnung der Berliner Stadtbahn erweiterte die Preußische Staatsbahn die Hauptwerkstatt, die 1910 etwa 1.200 Beschäftigte zählte.

Anfang der 1920er-Jahre wandelte sich das Produktionsprofil des Ausbesserungswerkes grundlegend. Die Lok-Abteilung wurde geschlossen. Außerdem endete die Unterhaltung der Post- und Packwagen. Fortan setzten die Eisenbahner hier nur noch Güterwagen instand. Bei den Kämpfen um Berlin im April 1945 wurden auch die Anlagen des RAW Berlin Warschauer Straße schwer beschädigt. Nur mit viel Mühe gelang es den Werkstätteneisenbahnern, die Trümmer zu beseitigen und wieder mit der Fahrzeuginstandsetzung zu beginnen. Hauptaufgabe der Dienststelle, deren Postanschrift »Revaler Straße 99« (seit 06.10.1942) lautete, war weiterhin die Erhaltung von Güterwagen. Ab Mitte der 1950er-Jahre bestimmten vor allem Kühlwagen das Bild auf den Gleisen. Anlässlich des 100-jährigen Bestehens verlieh die Deutsche Reichsbahn (DR) am 14. Oktober 1967 dem Werk den Namen »Franz Stenzer« (siehe Kasten S. 94).

Die tief greifenden wirtschaftlichen Veränderungen nach der deutschen Wiedervereinigung hatten gravierende Folgen für das Raw »Franz Stenzer« Berlin. Mit dem Zusammenbruch des Güterverkehrs auf der Schiene

In den 1950er- und 1960er-Jahren waren die Ausbesserungswerke Berlin Warschauer Straße, Dresden, Eberswalde und Magdeburg-Salbke für die Unterhaltung der DR-Güterwagen verantwortlich. Später wurden auch die Ausbesserungswerke Leipzig-Engelsdorf und Zwickau (Sachsen) in Güterwagen-Werke umgewandelt. 42 2803 (Bw Angermünde) war am 14. Februar 1966 mit einem Güterzug in Berlin-Buch unterwegs.
Foto: Slg. D. Endisch

verlor das Werk seine Existenzberechtigung. Bereits am 31. Oktober 1991 verkündete der Vorstand der DR die Schließung des Werkes, das 1995 seine Tore schloss. Allerdings ließ die Deutsche Bahn AG (DB AG) 1993/94 auf dem Gelände des Werkes, in der Nähe des S-Bahnhofs Warschauer Straße, das so genannte Talgo-Werk errichten. Dort werden seither in Zusammenarbeit mit der Talgo Deutschland GmbH die von der DB AG eingesetzten Talgo-Nachtzüge unterhalten. Die Werkstatt, in der auch die Fahrzeuge der ehemaligen DB AG-Tochter DB Autozug gewartet werden, zählt rund 100 Mitarbeiter.

Das Areal des ehemaligen Ausbesserungswerkes gilt heute als einer der Szenetreffpunkte in Berlin. Der Verein »RAW-tempel e.V.« mietete einige Gebäude des Areals. Hier befinden sich heute verschiedene Kneipen, Clubs sowie Kultur- und Sportstätten, die von zahllosen Berlinern und Touristen besucht werden.

Franz Stenzer

Franz Stenzer wurde am 9. Juni 1900 im bayerischen Planegg geboren. Nach dem Besuch der Volksschule begann er eine Ausbildung zum Bootsbauer, die er aber 1917 abbrach. Anschließend begann er als Streckenarbeiter, bevor er 1918 zur Marine eingezogen wurde. Ab Mai 1919 arbeitete er erneut bei der Eisenbahn, bevor er im Frühjahr 1920 der Kommunistischen Partei Deutschlands (KPD) beitrat. Aufgrund seiner Zuverlässigkeit, seines Organisationstalents und seiner agitatorischen Fähigkeiten machte Stenzer schnell Karriere in der KPD, die ihn 1929 zum Kandidaten für das Zentralkomitee wählte. Ab 1931 leitete er die »Neue Zeitung«, das Organ der KPD im Parteibezirk Südbayern. Ein Jahr später wurde er Mitglied des ZK der KPD. Im November 1932 wurde er in den Reichstag gewählt. Nach der Machtübernahme durch die Nationalsozialisten tauchte Stenzer unter, wurde aber am 30. Mai 1933 in München verhaftet und in das Konzentrationslager (KZ) Dachau überstellt. Dort wurde Franz Stenzer am 22. August 1933 ermordet.

Die Werklokomotiven des Raw Berlin Warschauer Straße

Betriebs-Nr.	Bauart	Hersteller	Baujahr	Fabrik-Nr.	DR-Nr.	Bemerkungen
WL 1	1´Ch2t	Borsig	1916	9.534	ex 74 1241	ab 04.01.1949; + ?
WL 1^{II}	Ch2t	Hohenzollern	1927	4.563	ex 80 003	ab 19.02.1964; 1968 abgestellt
WL 1^{III}	D-dh	LEW Hennigsdorf	1973	13.780	-	Typ V 60 D; Abnahme am 04.07.1973; + ?
WL 2	B-dm	DWK	1937	612	ex V 15 040	Typ D 150; an Fliegerhorst Burg geliefert; 1946 an DR; ab 1953 Raw Berlin Warschauer Straße; + 30.12.1966

4.2 Das Raw Dresden

Bereits seit 1875 existierte in Dresden eine Hauptwerkstatt. Diese befand sich in der Nähe des Schlesischen Bahnhofs in Dresden-Neustadt und setzte neben Lokomotiven auch Personen-, Pack- und Güterwagen instand. Mit dem Um- und Ausbau der Bahnanlagen in Dresden musste diese Hauptwerkstatt jedoch geschlossen werden. Aus diesem Grund beschloss die Direktion der Königlich Sächsischen Staatseisenbahnen (K.Sächs. Sts.E.), in der Nähe des neuen Rangierbahnhofs Dresden-Friedrichstadt ein modernes Ausbesserungswerk zu errichten. Die Bauarbeiten für die offiziell als »Werkstättenbahnhof« bezeichnete Hauptwerkstatt begannen am 6. September 1890. Entgegen den bisher üblichen Gepflogenheiten wurden die Werkstattgleise nicht parallel zum Hauptgleis, sondern diagonal angeordnet. Dadurch gelang es, die Wege und Gleise zu verkürzen. Im November 1894 nahm die Lokabteilung die Arbeit auf. Diese verfügte über eine Richthalle mit 53 Ständen, eine Dreherei, eine Schmiede, ein Lager sowie eine Radsatz- und Kupferwerkstatt. Mit der Eröffnung der Wagenabteilung am 2. Dezember 1895 galten die Bauarbeiten an der HW Dresden-Friedrichstadt als abgeschlossen. Kernstück der Wagenwerkstatt war die Richthalle mit 180 Ständen, die durch eine Dreherei, eine Klempnerei, eine Holzwerkstatt, eine

Das Raw Dresden war bei Eisenbahnfreunden aufgrund seines bunt zusammengewürfelten Bestandes an Werklokomotiven weithin bekannt. Hinter der Betriebs-Nr. 6^{II} verbarg sich die ehemalige 89 7251 (Aufnahme von 1969). Die T 3 wurde erst 1977 verschrottet. Foto: Slg. G. Schütze

Lackiererei, eine Sattlerei, eine Schmiede und eine Tischlerei ergänzt wurde. Allerdings war zu diesem Zeitpunkt nicht einmal die Hälfte des rund 168.000 m^2 großen Areals bebaut. Nördlich der Lokwerkstatt und östlich der Wagenabteilung bestanden noch großzügige Erweiterungsmöglichkeiten. In der HW Dresden wurden neben regel- und schmalspurigen Lokomotiven auch sämtliche bei den K.Sächs.Sts.E. eingesetzten Wagentypen (Regel- und Schmalspur) unterhalten. Während des Ersten Weltkrieges stieg die Zahl der Beschäftigten in der HW Dresden deutlich an. Ende 1919 arbeiteten hier etwa 2.190 Männer und Frauen. 1921 zählte die Reichsbahn etwa 3.000 Mitarbeiter. Zwei Jahre später begann allerdings im RAW Dresden ein systematischer Personalabbau. Zunächst endete die Unterhaltung der regelspurigen Personen- und Packwagen, bevor die DRG 1931 auch die Unterhaltung der schmalspurigen Lokomotiven und Wagen nach Chemnitz verlagerte. 1938 verfügte die zuständige Geschäftsführende Direktion für das Werkstättenwesen (GDW) die Einstellung der Lokausbesserung. Hier wurde nun die so genannte Direktionsbeschaffungsstelle (DBS) der Reichsbahndirektion (RBD) Dresden eingerichtet. Diese versorgte alle Dienststellen im Direktionsbezirk u.a. mit Arbeitsbekleidung und Betriebsstoffen. Damit verblieb im RAW Dresden lediglich die Güterwagen-Unterhaltung. Diese gewann während des Zweiten Weltkrieges erheblich an Bedeutung. Da ab 1940 immer mehr Eisenbahner zum Militär eingezogen wurden, setzte die Deutsche Reichsbahn (DRB) nun auch Kriegsgefangene und ab September 1944 auch bis zu 500 Häftlinge des Konzentrationslagers (KZ) Flossenbürg im RAW Dresden ein. Bei den Luftangriffen am 13./14. April und am 17. April 1945 versank das Werk in Schutt und Asche. Rund 80 Volltreffer und zahllose Brandbomben zerstörten rund 85 % des Ausbesserungswerkes.

Erst am 9. April 1945 begannen etwa 230 Eisenbahner mit dem Wiederaufbau der Gebäude. Angesichts der knappen Werkstattkapazitäten bei der Deutschen Reichsbahn (DR) in der sowjetischen Besatzungszone (SBZ) wurden ab Sommer 1945 im Raw Dresden nicht nur Güterwagen, sondern auch wieder Lokomotiven sowie Personenwagen aufgearbeitet. Bereits am 21. März 1947 verließ der 1.000ste nach Kriegsende ausgebesserte Güterwagen das Werk. Wenig später endete im Raw Dresden abermals die Aufarbeitung von Personenwagen. Auch die Lok-Reparatur wurde bis 1950 eingestellt. Die Generaldirektion (GD) der DR konzentrierte im Raw Dresden 1951 die Erhaltung der zweiachsigen Güterwagen. Später entwickelte sich das Werk zum so genannten Leit-Raw für die zweiachsigen O-Wagen. Doch das Raw Dresden arbeitete die Fahrzeuge nicht nur auf, sondern produzierte auch tausende Neubau-Wagen. Im August 1963 begann die Serienproduktion der Güterwagen der Gattung Ommbu. Typisch für die von den Eisenbahnern als »Kramer-Kisten«, benannt nach Erwin Kramer (siehe Kasten S. 84), bezeichneten Wagen, waren die fehlenden Seitenklappen. Jeweils ein gebremster und ein ungebremster Ommbu wurden als Pärchen eingesetzt. Ab 1964 lieferte das Raw Dresden die O-Wagen der Gattung Ommu, von denen bis 1978 etwa 25.000 Exemplare gebaut wurden. Diese Stückzahlen konnten nur durch eine straffe Rationalisierung in der Fertigung, den Einsatz moderner Technik, wie z.B. Schweißroboter, und durch einen Dreischichtbetrieb erreicht werden. Aber auch in der Fahrzeugausbesserung erreichte das Raw Dresden, das in den 1980er-Jahren den Namen »Emerich Ambros« (siehe Kasten S. 98) erhielt, beachtliche Zahlen. Mitte der 1980er-Jahre verließen täglich bis zu 40 aufgearbeitete Wagen das Werk.

Der Zusammenbruch des Frachtverkehrs auf den Strecken der DR im Sommer 1990 läutete den Niedergang des Raw Dresden ein. Angesichts des nun vorhandenen Überbestands an Güterwagen war die Reichsbahn gezwungen, die Unterhaltung immer weiter einzuschränken. Neue Aufgabenbereiche fanden sich nicht, da die technischen Anlagen in Dresden nur die Reparatur von bis zu 15 m langen Fahrzeugen zuließen. Um den Personalabbau zu verzögern, ließ die DR in Dresden nun

Die Werklokomotiven des Raw Dresden

Betriebs-Nr.	Bauart	Hersteller	Baujahr	Fabrik-Nr.	DR-Nr.	Bemerkungen
WL 1	Cn2t	Hartmann	1877	968	ex 89 8215	ab 15.01.1933; + ?
WL 1^{II}	B-dm	Deutz	1942	46.633	ex Kö 0302	Typ OMZ 122 R; an Koch & Stenzel AG geliefert; ab 1956; + 1963
WL 1^{III}	Ch2t	Union	1927	2.802	ex 80 012	ab 13.06.1964; am 21.10.1977 abgestellt; + 1977; ++ 1981
WL 2	Bn2t	Hartmann	1890	1.649	ex 98 7065	ab 1926; + 1945
WL 2^{II}	Ch2t	Union	1927	2.796	ex 80 006	ab 26.11.1965; + 20.08.1978; ++ 1978
WL 3	Bn2t	Hartmann	1891	1.746	ex 98 7070	ab 1926; 1929 an RAW Chemnitz
WL 3^{II}	Bn2t	O & K	1913	6.681	ex 98 6008	an Kleinbahn AG Guttentag-Vossowska geliefert; ab 07.11.1955; z 1958; + 1959; ++ 1960
WL 3^{III}	Cn2t	Hartmann	1897	2.234	ex 89 217	ab 15.04.1958; + 1964
WL 3^{IV}	Ch2t	Jung	1927/28	3.863	ex 80 024	ab 28.02.1965; am 02.09.1978 abgestellt; + 1978; ++ 1981
WL 4	Cn2t	Linke-Hofmann	1924	2.936	ex 89 6237	an Kleinbahn AG Erfurt-Nottleben geliefert; ab 08.11.1957; ab 1966: WL 5III; am 01.03.1981 an die Museumseisenbahn Minden e.V. verkauft
WL 4^{II}	Ch2t	Hohenzollern	1927	4.561	ex 80 001	ab 01.01.1966; am 02.09.1980 abgestellt; ++ 05.12.1980
WL 5	Cn2t	Borsig	1900	4.789	ex 89 6008	an Königs Wusterhausen-Mittenwalde-Töpchiner Eisenbahn geliefert; ab 21.06.1960; + 28.02.1963
WL 5^{II}	Cn2t	Hohenzollern	1900	1.293	ex 89 6235	an Kostener Kreisbahnen AG geliefert; ab 15.03.1963; + 1964
WL 6	Cn2t	Freudenstein	1905	225	ex 89 7480	ab 01.03.1958; + 1961; ++ 1971
WL 6^{II}	Cn2t	Borsig	1898	4.685	ex 89 7251	ab 01.05.1961; ++ 1977
WL 7	B-dh	LKM Babelsberg	1960	253.018	ex V 15 1017	ab 1965 (»Reinhard 12«); 1970 an Gerätemeisterei Leipzig
WL 7^{II}	B-dh	LKM Babelsberg	1968	262.124	ex 102 075-9	ab 1975 (»Reinhard 15«); +?
WL 8	B-dh	LKM Babelsberg	1968	262.110	ex 102 061-9	ab 09.01.1980 (»Reinhard 8«); + ?
WL 9	B-dh	LKM Babelsberg	1968	262.044	ex 102 010-6	ab 19.08.1980 (»Reinhard 9«); + ?
WL 10	1´D1´h2t	Borsig	1932	14.428	ex 86 1056-0	Einsatz vom 01.09.1982 bis 18.11.1986

Emerich Ambros

Emerich Ambros, am 22. Mai 1896 in Budapest als Sohn eines jüdischen Rechtsanwalts geboren, wurde Klempner und arbeitete in den 1920er-Jahren im RAW Dresden. Dort wurde Ambros, der Mitglied der Sozialdemokratischen Partei Deutschlands (SPD) war, in den Betriebsrat gewählt. Die SPD setzte Ambros Ende der 1920er-Jahre als Parteisekretär in Löbau ein. Unmittelbar nach der Machtübernahme der Nationalsozialisten wurde er im KZ Hohnstein in der Sächsischen Schweiz inhaftiert und dort am 26. September 1933 umgebracht.

Personen-, Güter- und Bahndienstwagen zerlegen. Von den einst fast 1.300 Beschäftigten (1989) waren bei der Gründung der DB AG nicht einmal mehr 450 vorhanden. Ab 1. Juni 1994 firmierte das Ausbesserungswerk als »Werk Dresden West«. Doch die Tage des Werkes waren gezählt. 1996 zählte der Geschäftsbereich (GB) Werke und Traktion hier nur noch 150 Beschäftigte, von denen 100 im so genannten Bereich Restrukturierung eingesetzt waren. Hinter dem Begriff »Restrukturierung« verbarg sich der Abriss der nicht mehr benötigten Gebäude und Anlagen. 1998 errichtete die DB AG auf dem Gelände des ehemaligen Raw das neue Güterverkehrszentrum (GVZ) Dresden-Friedrichstadt.

4.3 Das Raw Eberswalde

Mit der Eröffnung der Stammstrecke der Berlin-Stettiner Eisenbahn-Gesellschaft (BStE) in den Jahren 1842/43 begann in Eberswalde das Eisenbahn-Zeitalter. Der Bahnhof entwickelte sich mit der Inbetriebnahme der Strecke nach Wriezen (01.01.1867) zu einem kleinen Eisenbahnknoten. Ende der 1860er-Jahre suchte die BStE nach einem geeigneten Standort für eine weitere Hauptwerkstatt, denn die bisher betriebene Werkstatt in Stargard (Pommern) hatte ihre Leistungsgrenze erreicht. Zunächst sollte die neue Hauptwerkstatt in Angermünde entstehen. Diese Vorhaben legte die BStE allerdings aufgrund der vergleichsweise hohen Grundstückskosten zu den Akten. Im benachbarten Eberswalde wollte der Magistrat der BStE das notwendige Bauland hingegen kostenlos überlassen. Außerdem versprach die Stadt den Bau einer Wohnsiedlung. Im Mai 1876 einigten sich schließlich die Stadtverwaltung und die BStE über die noch offenen Fragen, so dass die notwendigen Unterlagen beim Ministerium der öffentlichen Arbeiten (MdöA) eingereicht werden konnten. Bereits im Dezember 1876 erteilte das MdöA die gewünschte Baugenehmigung. Südlich der ehemaligen Hauptstraße (später: Eisenbahnstraße) entstanden am Fuße des Husarenbergs die ersten Werkstätten mit Dreherei, Lager und Schmiede. Die Richthalle für die Loks hatte vier Schiebebühnen. Am 7. Januar 1878 weihte die BStE schließlich ihren so genannten Werkstatthof ein. Hier waren zunächst etwa 150 Eisenbahner beschäftigt, die meist aus Stargard (Pommern) stammten. Rund 1,2 Millionen Mark hatte die BStE in die neue Hauptwerkstatt investiert. In Eberswalde wurden neben Lokomotiven auch Personen- und Güterwagen umgesetzt.

Nach der Übernahme der BStE durch die Preußische Staatsbahn besaß der ehemalige Werkstatthof Eberswalde ab 1. Februar 1880 zunächst nur den Status einer Nebenwerkstatt (NW). Erst 1886 wurde Eberswalde in eine Hauptwerkstatt umgewandelt, die zu diesem Zeitpunkt etwa 390 Beschäftigte zählte. In den folgenden Jahren investierte die KED Stettin, zu deren Bereich die HW Eberswalde ab 1. April 1895 zählte, in die Modernisierung der Infrastruktur. 1902 entstand ein Elektrizitätswerk, das zunächst nur den Bahnhof und später auch die Hauptwerkstatt mit Strom versorgte. 1910 wurde das Werk an die städtische Strom- und Wasserversorgung angeschlossen. Die geplanten neuen Werkstätten konnten hingegen erst nach dem Ersten Weltkrieg errichtet werden. Dazu gehörten vor

Als »Werklok 5« fungierte ab 1966 die ehemalige 89 6237 (Aufnahme von 1978). Die Maschine wurde 1981 in die Bundesrepublik (Verein »Museumseisenbahn Minden e.V.«) verkauft. Foto: Slg. G. Schütze

allem die Drehgestellwerkstatt, von den Eisenbahnern auch »Ochsenstall« genannt, und die Richthalle für die so genannte Schnellausbesserung. Letztere wurden während der Inflation zwischen 1921 und 1923 gebaut und trug daher den Spitznamen »Millionenhalle«. Waren 1919 noch rund 2.000 Männer und Frauen in der HW Eberswalde beschäftigt, hatte die Reichsbahn bis 1924 rund ein Viertel der Mitarbeiter entlassen. Weitere Kündigungen und Versetzungen folgten im August 1926 mit der Schließung der Lokabteilung. Fortan setzte das RAW Eberswalde nur noch Personen- und Güterwagen instand.

Ende der 1930er-Jahre investierte die zuständige GDW Berlin rund 5 Millionen Reichsmark (RM) in die Modernisierung der Infrastruktur. Während des Zweiten Weltkrieges erreichte das RAW Eberswalde seine Leistungsgrenze. Nur durch den Einsatz von Frauen und Kriegsgefangenen konnte die Fertigung aufrechterhalten werden.

Als sich im Frühjahr 1945 die Front der Stadt Eberswalde näherte, ließ der Werkdirektor das RAW Eberswalde räumen. Mit insgesamt vier Zügen wurden die Mehrzahl der Eisenbahner und ihre Familien am 20. April 1945 in Richtung Rostock evakuiert. Bei der Ankunft erklärte der Werkdirektor das RAW Eberswalde offiziell für aufgelöst. Bei den Kämpfen um Eberswalde wurde das Werk durch Angriffe der deutschen Luftwaffe in der Nacht vom 25. zum 26. April 1945 schwer beschädigt. Nach

einer Bestandsaufnahme galten 65 % der Gebäude und 90 % der Werkzeuge als vernichtet.
Nach Kriegsende begannen 25 Eisenbahner mit den Aufräumungsarbeiten. Bis zum Sommer 1945 stieg die Zahl der Beschäftigten auf rund 140 an, die am 10. September 1945 offiziell wieder mit der Fahrzeug-Instandsetzung begannen. Im Oktober 1945 verließen bereits 32 Personen- und 122 Güterwagen sowie eine Dampflok das Werk. Im Sommer 1950 waren mehr als 1.000 Eisenbahner im Raw Eberswalde tätig, die sich entsprechend den Vorgaben der GD der DR ab 1951 auf die Aufarbeitung von Güterwagen spezialisierten. Angesichts der stetig wachsenden Vorgaben stellte die DR zusätzliche Arbeitskräfte ein. 1954 waren im Werk mehr als 1.900 Männer und Frauen beschäftigt. Die DR gab dem Raw am 7. Mai 1955 den Namen »8. Mai«.
Nach der Schließung des Raw Gotha (siehe S. 123) wurde 1961 in Eberswalde eine Radsatzwerkstatt eingerichtet. 1968 baute das Werk Flachwagen zu Container-Tragwagen um. Zehn Jahre später begann das Raw Eberswalde mit der Fertigung von gedeckten Güterwagen. Es folgten vierachsige Flachwagen (Gattung Res).
Auch für das Raw Eberswalde blieben die politischen und wirtschaftlichen Umbrüche der Jahre 1989/90 nicht folgenlos. Nach der Einstellung der Güterwagen-Fertigung wurden nur noch Fahrzeuge instandgesetzt. Im Jahr 1991 waren hier noch rund 1.200 Eisenbahner beschäftigt. Zwar begann die DR 1992 mit der Modernisierung der Gebäude und Anlagen, allerdings musste immer weiter Personal abgebaut werden. Diese Entwicklung verstärkte sich nach der Gründung der DB AG zusehends. Im Dezember 1996 wiesen die Unterlagen des GB Werke und Traktion für Eberswalde nur noch rund 500 Arbeitskräfte aus. Ab 1. Januar 1998 unterstand das Werk der späteren DB Cargo AG, bevor es ab 1. Januar 2004 zur DB Fahrzeuginstandhaltung GmbH gehörte. Mit dem Rückgang des Güterverkehrs auf der Schiene ab 2007 stellte die DB AG erstmals den langfristigen Erhalt des Werkes Eberswalde zu Disposition. Allerdings stießen die Schließungspläne in der Lokal- und Landespolitik auf massiven Widerstand,

Die Werklokomotiven des Raw Eberswalde

Betriebs-Nr.	Bauart	Hersteller	Baujahr	Fabrik-Nr.	DR-Nr.	Bemerkungen
WL 1	Cn2t	Schichau	1895	755	ex 89 7195	ab 10.09.1928; + ?
WL 1II	Cn2t	Jung	1915	2.238	ex 89 6232	pr. T 3; an Prenzlauer Kreisbahnen geliefert; ab 20.01.1954; + ?
WL 2	1´Cn2t	Jung	1912	1.738	ex 91 896II	ab 26.06.1955; am 01.11.1971 an VEB Binnenhäfen »Oberelbe« Dresden (Hafen Torgau); am 01.05.1976 an VEB Verkehrsbetriebe Dresden; ab 15.07.1985 Denkmal Bw Dresden, BT Hamburger Straße
WL 3	Cn2t	Jung	1914	2.236	ex 89 6230	pr. T 3; an Prenzlauer Kreisbahnen geliefert; ab 20.09.1958; + ?
WL 3II	Dn2t	Union	1914	2.143	ex 92 753	ab 10.09.1965; am 06.11.1979 abgestellt; + 1980; ++ 18.11.1981 Bw Angermünde
WL 4	D-dh	LEW Hennigsdorf	1060	12.279	-	Abnahme am 13.02.1969; + ?

Frisch lackiert wartete 55 5364 nach einer L4 (01.09.–27.10.1966) im Raw Leipzig-Engelsdorf auf die Abholung durch das Personal des Bw Hoyerswerda. Nur wenige Monate später, im November 1967, endete die Dampflokausbesserung in Leipzig-Engelsdorf. *Foto: Slg. D. Endisch*

da das ehemalige Raw mit 420 Beschäftigten (Stand März 2010) der wichtigste industrielle Arbeitgeber in Eberswalde war. Doch alle Bemühungen waren letztlich ohne Erfolg. Im Oktober 2014 gab die DB AG bekannt, dass sie das Werk schließen oder verkaufen werde. Nach langwierigen Verhandlungen verkaufte die DB AG das ehemalige Raw Eberswalde zum symbolischen Preis von einem Euro an die Quantum Capital Partners AG. Diese übernimmt das Werk am 1. Januar 2017. Der neue Eigentümer will 210 der insgesamt 320 Beschäftigten übernehmen und den Standort Eberswalde mindestens fünf Jahre betreiben. Bleibt zu hoffen, dass das Werk langfristig erhalten bleibt.

4.4 Das Raw Leipzig-Engelsdorf

Ende des 19. Jahrhunderts unterhielten die K.Sächs. Sts.E. in Leipzig zwei Hauptwerkstätten. Während das so genannte Eisenbahnwerk Leipzig (Bayerischer Bahnhof) von der Sächsisch-Bayerischen Eisenbahn-Compagnie gegründet wurde, ging das Eisenbahnwerk Leipzig II (Dresdener Bahnhof) aus der Remise der Leipzig-Dresdener Eisenbahn-Compagnie hervor. Das 30.950 m^2 große Eisenbahnwerk Leipzig II befand sich südlich des Dresdner Bahnhofs und setzte Lokomotiven, Tender und Wagen instand. Außerdem ließen die K.Sächs.Sts.E. in der Werkstatt auch Tender und Wagen bauen. Doch mit den Planungen für den Bau

Mit der 39 2945 ging am 11. November 1967 die Dampflokzeit im Raw Leipzig-Engelsdorf zu Ende. Fortan wurden hier in erster Linie Güterwagen gefertigt und Kesselwagen repariert. Foto: Slg. D. Endisch

des Leipziger Hauptbahnhofs waren die K.Sächs.Sts.E. gezwungen, die Hauptwerkstatt am Dresdner Bahnhof aufzugeben. Bei der Suche nach einem Standort für eine neue Hauptwerkstatt entschieden sich die K.Sächs. Sts.E. für den Rangierbahnhof Leipzig-Engelsdorf, da hier auch Erweiterungsmöglichkeiten bestanden.

Nach Abschluss der Planungen begannen 1903 die Bauarbeiten. Diese waren nach nur einem Jahre bereits so weit fortgeschritten, dass bereits die ersten Meistereien vom Dresdner Bahnhof nach Engelsdorf verlagert werden konnten. In den folgenden Monaten wurde der schrittweise Umzug fortgesetzt. Am 5. Dezember 1905 weihten die K.Sächs.Sts.E. die Hauptwerkstatt Engelsdorf offiziell ein. Zu diesem Zeitpunkt waren in der Lokabteilung rund 500 Eisenbahner beschäftigt. Die Wagenwerkstatt zählte etwa 400 Mitarbeiter. Die letzten Gebäude in Engelsdorf wurden 1908 fertiggestellt. Von der Gesamtfläche (362.000 m^2) waren zu diesem Zeitpunkt rund 36.000 m^2 bebaut. Etwa zeitgleich gaben die K.Sächs.Sts.E. das alte Eisenbahnwerk Leipzig II endgültig auf. Die letzten Anlagen wurden 1910 beim Bau des Leipziger Hauptbahnhofs abgerissen.

Die Hauptwerkstatt in Engelsdorf setzte nicht nur regelspurige Lokomotiven sowie Personen- und Güterwagen instand, sondern arbeitete auch Schmalspur-Fahrzeuge auf, z.B. für das Mügelner Streckennetz. Nach nur wenigen Jahren musste jedoch der Vorstand der Hauptwerkstatt bei der Direktion Mittel für erste Erweiterungen beantragen. Allerdings konnten diese Arbeiten erst während des Ersten Weltkrieges erledigt werden. Dabei entstand u.a. die Kesselschmiede (1915). Bis 1919 stieg die Zahl der Beschäftigten auf mehr als 1.700 an. Doch zu Beginn der 1920er-Jahre wendete sich das Blatt. Die DRG rationalisierte den Produktionsablauf. In diesem Zusammenhang wurde 1924 die Erhaltung der Schmalspurfahrzeuge an das RAW Chemnitz abgegeben. Gleichwohl blieb das RAW Leipzig-Engelsdorf ein so genanntes Mischwerk, in dem neben Lokomotiven, meist Maschinen der Baureihen 38.10–40 und 57.10–35, auch Personen- und Güterwagen unterhalten wurden. Im Hinblick auf eine möglichst hohe Wirtschaftlichkeit investierte die DRG auch in die Infrastruktur des Werkes. Die Maschinen und Anlagen wurden modernisiert, es entstand eine Schweißerei und die Schiebebühnen erhielten elektrische Antriebe.

Im Zweiten Weltkrieg versank das RAW Leipzig-Engelsdorf in Schutt und Asche. Der erste größere Angriff erfolgte am 7. Juli 1944. Kaum hatten die Eisenbahner die größten Schäden behoben, griffen die Alliierten am Abend des 10. April 1945 den Rangierbahnhof Engelsdorf sowie das angrenzende Ausbesserungswerk und das Bw Engelsdorf an. Dabei wurden rund 85 % der Gebäude und technischen Anlagen des RAW Leipzig-Engelsdorf zerstörte. Bereits am 11. April 1945 begannen einige Eisenbahner mit dem Wiederaufbau. Zunächst galt es, die Toten zu bergen und die Straßen zu räumen. Auch nach dem Einmarsch der US-Armee am 16. April 1945 wurden die Arbeiten fortgesetzt. Da die schweren Schäden an der Lokwerkstatt kurzfristig nicht behoben werden konnten, wurden so genannte AW-Brigaden gebildet, die bis 1946 in den Bahnbetriebswerken Leipzig Bayerischer Bahnhof, Leipzig Hbf Nord und Leipzig Hbf Süd Dampflokomotiven in den Schadgruppen L0 (Bedarfsausbesserung) und L2 (Zwischenausbesserung) aufarbeiteten. Erst im September 1945 verließen die ersten drei Maschinen die Lokabteilung Engelsdorf. Deren Erhaltungsbestand umfasste Ende 1946 insgesamt 688 Maschinen. Dazu gehörten in erster Linie die Baureihen 38.10–40, 57.10–35 und 74.4–12. Im Dezember 1946 zählte die DR im Raw Leipzig-Engelsdorf 2.585 Beschäftigte. Diese erbrachten trotz der schweren Arbeitsbedingungen beachtliche Leistungen. Festlich geschmückt verließ 38 3034 nach einer Hauptuntersuchung (L4) am 15. Mai 1948 als 2.000ste nach dem Krieg instandgesetzte Dampflok das Werk. Bis zu diesem Zeitpunkt hatten die Werkstätteneisenbahner auch rund 2.500 Personen- und 10.000 Güterwagen aufgearbeitet. Am 21. Dezember 1950 gab die DR dem Raw Leipzig-Engelsdorf den Namen »Einheit«. Die Interpretation dieses Begriffs änderte sich in den 1950er-Jahren. Zunächst bezog sich der Begriff auf die Wiederherstellung der deutschen Einheit. Als diese jedoch mit dem sich verschärfenden Ost-West-Konflikt in immer weitere Ferne rückte, bezog die Politische Verwaltung den Namen auf die »Einheit der Arbeiterklasse«, also den zwangsweisen Zusammenschluss der Kommunistischen Partei Deutschlands (KPD) und der Sozialdemokratischen Partei Deutschlands (SPD) im Frühjahr 1946 zur Sozialistischen Einheitspartei Deutschlands (SED).

Anfang der 1950er-Jahre investierte die DR erhebliche Mittel in die Anlagen des Raw Leipzig-Engelsdorf. Von 1950 bis 1952 entstand auch das Wahrzeichen des Werkes – der 35 m hohe Wasserturm. In den fünf Etagen waren auch einige Büros untergebracht. Ein weiteres wichtiges Vorhaben war 1952 die Erweiterung der Kesselschmiede.

In der Lokabteilung des Raw Leipzig-Engelsdorf bestimmten ab 1947 Personenzugmaschinen der Baureihe 38.10–40 das Bild. Außerdem zählten die Baureihen 24 (ab 1956), 56.1 (1967), 56.20–29 (ab 1965) und 57.10–35 (1947–1955) zum Erhaltungsbestand des Werkes. Bis Anfang der 1960er-Jahre stieg die Leistung der Lokabteilung auf rund 550 Schadgruppen im Jahr. Außerdem ließ die DR in Leipzig alle Strahlpumpen, Luft- und Kolbenspeisepumpen sowie Lichtmaschinen für Dampfloks reparieren.

Die Wagenwerkstatt arbeitete hingegen ein erster Linie zwei- und dreiachsige Personen-, Post- und Bahndienstwagen auf. Nach Kriegsende wurden in Leipzig-Engelsdorf zeitweilig auch die vierachsigen Reisezugwagen der Bauart Heidenau (Gattungen BC4i-35a und C4i-35a) instandgesetzt. Das Raw Leipzig-Engelsdorf fertigte

Die Werklokomotiven des Raw Leipzig-Engelsdorf

Betriebs-Nr.	Bauart	Hersteller	Baujahr	Fabrik-Nr.	DR-Nr.	Bemerkungen
WL 1	Bn2t	Hartmann	1889	1.634	ex 98 7222	ab 18.04.1930; + 1934
WL 1^{II}	1´B1´n2t	Hartmann	1907	3.027	ex 71 364	ab 10.07.1934; + ?
WL 1^{III}	Cn2t	Henschel	1940	26.143	-	an Dynamit AG (Troisdorf) geliefert; ab 1945; + 1965; ++ 1971
WL 1IV	Dh2t	Krauss	1923	8.186	ex 98 862	ab 1965; + ?
WL 1^{V}	B-dh	LKM Babelsberg	1974	262.507	-	Typ V 22 B; Abnahme am 30.09.1974; + 1989
WL 1^{VI}	B-dh	LKM Babelsberg	1974	262.450	-	Typ V 22 B; an VEB Baustoffversorgung Karl-Marx-Stadt geliefert; ab 30.09.1991; + ?
WL 2	Cn2t	Hartmann	1877	965	ex 89 8212	ab 17.06.1928; 1933 an Zwickauer Kohlenbahn (WL 466-2-12)
WL 2^{II}	Cn2t	Henschel	1936	23.061	-	Typ »Thüringen«; an Westfälisch-Anhaltische Sprengstoffwerke GmbH, Werk Schönebeck, geliefert; ab 1946; am 06.05.1965 an VEB Binnenhäfen »Oberelbe« Dresden (Hafen Torgau); am 01.08.1979 an AG 4/63 Erfurt des Deutschen Modelleisenbahn-Verbandes der DDR (89 6311)
WL 2^{III}	Ch2t	Union	1927	2.800	ex 80 010	ab 10.01.1964; + 26.02.1980 Raw Leipzig-Engelsdorf
WL 2^{IV}	B-dh	LKM Babelsberg	1968	262.128	ex 102 079-1	ab 1979; 1989 an Werkteil Niedersachswerfen
WL 2^{V}	B-dh	LKM Babelsberg	1973	262.448	-	Typ V 22 B; an VEB Zuckerkombinat Nord Güstrow, BT Anklam, geliefert; ab 29.10.1991; + ?
WL 3	1´Cn2t	Henschel	1902	6.126	ex 91 336	ab 31.01.1951; + 1964; ++ 1965 Raw Leipzig-Engelsdorf
WL 3^{II}	Ch2t	Hohenzollern	1928	4.571	ex 80 019	ab 30.09.1965; ++ 05.1987 Raw Leipzig-Engelsdorf
WL 3^{III}	D-dh	LEW Hennigsdorf	1973	13.798	-	Typ V 60 D; an VEB Braunkohlenkombinat Espenhain (Di 410-65-84) geliefert; ab 25.06.1990; + ?
WL 4	B-dm	LKM Babelsberg	1957	251.193	-	Typ N4; Abnahme am 16.01.1958; + 01.01.1978; ++ 29.11.1980 Raw Leipzig-Engelsdorf
WL 4^{II}	B-dh	LKM Babelsberg	1960	253.017	ex 101 016-4	Typ V 15 B; ab 15.03.1978; 1985 an VEB Chemieanlagenbau Leipzig, BT Grimma

WL 5	Ch2t	Henschel	1934	22.358	ex 89 005	ab 05.09.1962; + 1968; ++ 1968 Raw Leipzig-Engelsdorf
WL 5^{II}	Ch2t	Union	1927	2.799	ex 80 009	ab 1969; am 11.01.1980 abgestellt; am 06.03.1981 an privat verkauft
WL 5^{III}	Cfl	Raw Meiningen	1984	03.021	-	ab 22.02.1985; + 1991; 1993 an Verein »Eisenbahnmuseum Leipzig Bayerischer Bahnhof e.V.«
WL 6	Cfl	Raw Meiningen	1984	03.022	-	ab 22.02.1985; + 1991; 1993 an Verein »Eisenbahnmuseum Leipzig Bayerischer Bahnhof e.V.«

außerdem 1956 das Baumuster für die zwei- und dreiachsigen Reko-Wagen, deren Serienfertigung aber das Raw Halberstadt übernahm (siehe S. 73).

In der zweiten Hälfte der 1960er-Jahre wandelte sich der Aufgabenbereich des Raw Leipzig-Engelsdorf grundlegend. Die HvRaw beschloss 1966, die Unterhaltung der Kesselwagen vom Raw Zwickau (Sachsen) nach Leipzig zu verlagern (siehe S. 112). Zudem sollten in Engelsdorf Güterwagen gebaut werden. Um die dafür notwendigen Werkstattkapazitäten zu schaffen, endete 1967 die Unterhaltung der Personen-, Post- und Bahndienstwagen sowie der Dampflokomotiven. Als 38 2841 am 3. Februar 1967 als 12.000ste seit 1945 ausgebesserte Maschine verabschiedet wurde, waren die Tage der Lokunterhaltung bereits gezählt. Am 17. November 1967 endete mit der 38 2945 die Dampflokzeit im Raw Leipzig-Engeldorf. Während einer kleinen Feierstunde verließ die Maschine mit den ersten zehn Neubau-Güterwagen der Gattung Gbs die Werkhalle. Lediglich die zentrale Pumpen- und Lichtmaschinenwerkstatt blieb erhalten.

Die Vorgaben der HvRaw stellten für die Leitung und die Beschäftigten des Werkes eine große Herausforderung dar. Während der laufenden Produktion wurden die Anlagen und Gebäude umgebaut sowie rund 500 Schlosser und Werkmeister umgeschult. Trotz dieser Einschränkungen konnten 1967 insgesamt 269 Loks und 379 Kesselwagen repariert sowie 30 gedeckte Neubau-Wagen ausgeliefert werden. Ein Jahr später entstanden im Raw Leipzig-Engelsdorf bereits rund 1.000 Gbs-Wagen. Ab 1970 wurden in Engelsdorf auch zweiachsige Kesselwagen und Containertragwagen sowie später auch Zementwagen gebaut.

Ab 1. Dezember 1969 war das Raw Leipzig-Engelsdorf Stammwerk für die Unterhaltung aller Kesselwagen der DR. Aus diesem Grund wurde zunächst das Raw Jena aufgelöst (siehe S. 128). Ab 1971 unterstanden auch Niedersachswerfen (siehe S. 134 ff.) und Quedlinburg (siehe S. 138 ff.) dem Raw Engelsdorf, das bis 1974 die gesamte Instandhaltung und später auch die Montage der Neubau-Kesselwagen an diese beiden Werkteile abgab.

Dies war eine Folge des stetig wachsenden Aufgabenbereichs. Am 17. November 1967 nahm der so genannte Rationalisierungsmittelbau in der ehemaligen Lokwerkstatt seine Arbeiten auf. Hier wurden im Laufe der Jahre u.a. Einachsschlepper, Einheitshilfsdrehgestelle, Gleismessfahrzeuge (GMF), Schneeräumtechnik sowie verschiedene Lehren, Messmittel und Vorrichtungen gebaut. Dazu gehörte beispielsweise auch eine Fertigungsstraße für den Container-Bau im Raw Zwickau (Sachsen). Fünf Jahre später, Anfang 1972, musste das Raw Leipzig-Engelsdorf kurzzeitig Kesselreparaturen für die Werke Cottbus und Stendal übernehmen. 1973 erhielt das Werk den Auftrag, auf der Grundlage der Gbs-Wagen Fahrzeuge für den Transport von Bananen zu liefern. 1975 begann das Werk mit dem Bau neuer Einheitseichzüge, von denen die DR insgesamt 22 Einheiten abnahm. Zeitgleich begann in Engelsdorf die Herstellung der Drehgestelle des Typs Y 25, von denen bis 1990 etwa 7.000 Stück gebaut wurden. Im Februar 1977 übergab das Raw Leipzig-Engelsdorf den 10.000sten Neubau-Güterwagen. Die klassische Fahrzeuginstandhaltung spielte im Stammwerk nun kaum noch eine Rolle. Dies hatte nach der deutschen Wiedervereinigung gravierende Folgen.

Anfang 1990 konnten die rund 2.000 Beschäftigten des Raw Leipzig-Engelsdorf auf eine stolze Bilanz zurückblicken – seit 1967 hatte das Werk rund 23.000 Neubau-Fahrzeuge ausgeliefert, davon etwa 19.000 Gbs-Wagen. Doch mit dem Zusammenbruch des Güterverkehrs im Sommer 1990 benötigte die DR keine neuen Wagen mehr. Aus diesem Grund wurden noch 1990 mehr als 600 Eisenbahner entlassen oder versetzt. Drei Jahre später endete der Neubau. Die vorhandenen Produktionsanlagen blieben aber erhalten. Parallel dazu wurden im Juli 1993 die Federschmiede und am 31. Dezember 1993 die Kesselschmiede geschlossen. Die Pumpen- und Lichtmaschinenwerkstatt übernahm 1994 das Werk Meiningen.

Die Leitung des Raw Leipzig-Engelsdorf suchte nun nach neuen Aufgaben. Dazu gehörte u.a. die Unterhaltung von Bahnpostwagen (bis 1994). Außerdem erhielt das Werk 1991 den Auftrag, vierachsige Kalkkübelwagen zu Kesselwagen umzubauen. Mit der Instandsetzung von Zement- und Chlorgaswagen, der Modernisierung von Kesselwagen sowie der Erneuerung von Wagenkästen bei Schüttgutwagen konnten weitere Aufträge akquiriert werden. Gleichwohl sah die LWO die Schließung des Werkes bis 1997 vor.

Dieses Vorhaben stieß aber bei der Belegschaft des 1994 gegründeten Werkes Leipzig-Engelsdorf auf Widerstand. Zwar musste auch weiterhin Personal abgebaut werden, doch die DB AG entwickelte eine neue Strategie für den Standort. In Leipzig-Engelsdorf sollten nun Fahrzeuge von Güterwagen-Vermietern und Privatbahnen instandgehalten und modernisiert werden. Den Plänen folgten auch Taten. Die Bahn AG investierte in das Werk, das 1996 beispielsweise 200 neue Schüttgutwagen und Mülltransportwagen lieferte. Zu diesem Zeitpunkt waren noch rund 520 Männer und Frauen in Leipzig-Engelsdorf beschäftigt. Doch zwei Jahre später hatte die DB AG das Interesse an dem Standort verloren. Nachdem die Verkaufsgespräche, die seit 1998 geführt wurden, erfolglos blieben, verkündete die Bahn AG im Oktober 2000 die Schließung des Unternehmens, das noch 284 Mitarbeiter zählte. Einige Monate später, im September 2001, veräußerte die DB AG das Werk Leipzig-Engelsdorf an eine Investorengruppe. Diese gründete am 18. Oktober 2001 die »Leipzig Rail Service GmbH« (LRS), die am 1. Januar 2002 das ehemalige Raw und 151 Beschäftigte übernahm. Die LRS hat sich auf Instandhaltung, Revisionen, Umbau und Modernisierung von Güterwagen spezialisiert. Außerdem bietet das Unternehmen auch den Neubau von Wagen an.

4.5 Das Raw Magdeburg-Salbke

Bereits 1839 nahm die Magdeburg-Cöthen-Halle-Leipziger Eisenbahn-Gesellschaft (MCHLE) in Magdeburg im Elbbahnhof unterhalb des Fürstenwalls ihre erste Lokremise in Betrieb. Mit dem Ausbau des Streckennetzes und der Vergrößerung des Fahrzeugparks genügte diese Werkstatt jedoch nicht lange den betrieblichen Erfordernissen. Aufgrund der beengten Platzverhältnisse entschied sich die MCHLE schließlich, ihre neue Werkstatt auf der Gemarkung der noch eigenständigen Gemeinde Buckau (bis 31.03.1887) zu errichten. Die Anlage wurde am 1. April 1853 in Betrieb genommen und wurde ab 1868 als »Centralwerkstatt« bezeichnet. Nachdem die Preußische Staatsbahn am 1. Februar 1880 die Betriebsführung auf den Strecken der MCHLE übernommen hatte, besaß die Centralwerkstatt den Status einer Hauptwerkstätte. Nach Um- und Ausbauten hatte die HW Buckau Mitte der 1880er-Jahre ihre Leistungsgrenze erreicht. Da aber keine weiteren Flächen zur Verfügung standen, beschloss 1887 die zuständige KED Magdeburg, eine zweite Hauptwerkstatt zu errichten. Die Direktion erwarb für diese Zwecke

Bis 1980 setzte das Raw Leipzig-Engelsdorf Tenderloks der Baureihe 80 im Rangierdienst ein. Bei der Werklok Nr. 5 handelte es sich um die ehemalige 80 009, die 1981 an einen Eisenbahnfreund aus Berlin verkauft wurde.
Foto: Slg. D. Endisch

1892 auf der Gemarkung Salbke, östlich der Strecke Magdeburg–Schönebeck (Elbe)–Leipzig ein 33 Hektar großes Areal. Dort begannen 1893 die Bauarbeiten für die HW Salbke, die am 1. Oktober 1895 eingeweiht wurde. Das Wahrzeichen des Werkes war der Wasserturm, dessen beide Behälter jeweils 500 m³ fassten. Zunächst arbeiteten rund 100 Eisenbahner in Salbke, die meist aus den Werken Magdeburg-Buckau, Potsdam, Stendal und Wittenberge stammten. Nach ersten Erweiterungen in den Jahren 1898/99 zählte das Werk rund 400 Mitarbeiter, die ausschließlich Personen-, Pack- und Güterwagen aufarbeiteten. 1910 verlegte die KED Magdeburg die Weichenwerkstatt von Buckau nach Salbke. Dort entstand im südlichen Teil des Werkgeländes eine neue Weichenwerkstatt, in der etwa 40 Mann arbeiteten. Mit dem weiteren Ausbau der Wagenabteilung in den Jahren 1912/13 stellte die HW Salbke weitere Beschäftigte ein. Die Belegschaft wuchs von 800 Arbeitern im Jahr 1912 bis zum Beginn des Ersten Weltkrieges im Sommer 1914 auf rund 1.000 Arbeiter und Beamte. Während des Krieges bauten die Werkstätteneisenbahner Güterwagen zu so genannten Spezialwagen (Truppentransporter) um und richteten Personenwagen als Lazarettwagen her. Außerdem wurden Planen gefertigt und Leuchtmunition hergestellt.

Nach dem Ende des Ersten Weltkrieges wiesen die Unterlagen der HW Salbke fast 2.000 Beschäftigte aus. Doch viele von ihnen verloren in den folgenden Jahren ihren Arbeitsplatz. Die DRG löste 1924 die Weichenwerkstatt auf. Zeitgleich endete auch die

Die Unterhaltung der zweiachsigen gedeckten Güterwagen oblag dem Raw Magdeburg-Salbke. 132 173 passierte im Frühjahr 1991 mit einem Durchgangsgüterzug den Bahnhof Oschersleben. Foto: F. Köhler

Instandhaltung der Personen- und Packwagen. Fortan war das RAW Salbke in erster Linie für die Unterhaltung von zweiachsigen gedeckten Güterwagen zuständig. Nach Jahren des Sparens investierte die DRG zwischen 1932 und 1935 wieder in das Werk. Zu den wichtigsten Neubauten gehörten die Dreherei, die Federwerkstatt, das Kesselhaus und die Schmiede. Letztere wurde als »Zentralschmiede« bezeichnet und arbeitete für alle Ausbesserungswerke der DRG. Mit Beginn des Zweiten Weltkrieges mussten viele Werkstätteneisenbahner an die Front. Diese Lücken schloss die Reichsbahn ab 1940 durch den Einsatz von Zwangsarbeitern und Kriegsgefangenen.

Am Abend des 21. Januar 1944 wurden die Bahnanlagen in Magdeburg erstmals zielgerichtet von den Alliierten bombardiert. Dabei wurden rund 80 % des RAW Salbke zerstört. Nur wenige Tage später begann der Wiederaufbau. Doch kaum waren die größten Schäden behoben, sprengten deutsche Soldaten am 17. April 1945 einen Munitionszug, der zwischen Buckau und Fermersleben stand. Dies führte erneut zu massiven Schäden im RAW Salbke. Nur Stunden später erreichten die ersten Verbände der US-Armee Magdeburg. Bereits am 18. April 1945 erteilte der Stadtkommandant die Erlaubnis zum Wiederaufbau, doch die Arbeiten begannen erst am 10. Mai 1945. Zunächst konzentrierten sich die Arbeiten auf die Reparatur der Richthalle, so dass hier im Sommer 1945 die ersten Wagen repariert werden konnten. Dann folgten die Schlosserei und die Zentralschmiede. Erst 1951 galt der Wiederaufbau des Raw Salbke als abge-

Die Werklokomotiven des Raw Magdeburg-Salbke

Betriebs-Nr.	Bauart	Hersteller	Baujahr	Fabrik-Nr.	DR-Nr.	Bemerkungen
Gerät 1	B-dm	Gmeinder	1938	2.013	ex 100 085-0	ab 1974; 1978 an Raw Halle (Saale)
-	B-dh	LKM Babelsberg	1969	262.150	-	Typ V 22 B; Abnahme am 17.02.1969; + ?
-	B-dh	LKM Babelsberg	1969	262.151	-	Typ V 22 B; Abnahme am 28.02.1969; an Eisenbahnfreunde Traditions-Bw Staßfurt e.V.

schlossen. Die dafür notwendigen Kosten bezifferte die DR auf rund 3,4 Millionen Mark. In der alten Weichenwerkstatt bestand von 1946 bis 1953 eine Meisterei, die im Auftrag der DR alte Werkzeugmaschinen instand setzte. Am 6. April 1950 verließ der 50.000ste nach dem Zweiten Weltkrieg aufgearbeitete Wagen das Raw, das nach einer Gebietsreform ab 1. Mai 1953 offiziell als »Raw Magdeburg-Salbke« bezeichnet wurde.

Bis in die 1960er-Jahre hinein bestimmte die Erhaltung der zweiachsigen gedeckten Güterwagen den Arbeitsablauf. Erst 1964 begann das Raw Magdeburg-Salbke damit, Fahrzeuge umzubauen und zu modernisieren. Den Auftakt machten die offenen Güterwagen der Gattung Omm (ex Bauart Villach), die Bremserbühnen erhielten. Ab 1969 war das Raw Magdeburg-Salbke das Leitwerk für alle Güterwagenwerke der DR. Neben gedeckten Güterwagen wurden nun auch Zementwagen, zweiachsige Behältertragwagen, Doppelstockautotransportwagen und zweiachsige Selbstentladewagen aufgearbeitet.

Bis Mitte der 1980er-Jahre stieg die Zahl der Beschäftigten auf rund 2.000 Männer und Frauen an. Dem Werk kam nicht nur aufgrund seiner Kapazitäten bei der Instandhaltung und dem Umbau von Güterwagen eine bedeutende Rolle zu. Die Zentralschmiede sowie die Puffer- und Radsatzwerkstatt arbeiteten auch für andere Dienststellen der DR. Die Zentralschmiede, in der etwa 240 Eisenbahner arbeiteten, lieferte jährlich Teile mit einem Gesamtgewicht von rund 6.000 t. Im Juli 1988 wurde die modernisierte Pufferwerkstatt eröffnet. Die Demontage und die Montage der Puffer erfolgten nun automatisch. Die dafür notwendigen Maschinen hatten Beschäftigte des Raw Magdeburg und des »Ingenieurbüros für Raw« (Ibr) entwickelt. Zeitgleich wurde auch die Radsatzwerkstatt erneuert.

Doch diese Investitionen haben sich nicht mehr amortisiert. Mit dem Zusammenbruch der Industrie in den neuen Bundesländern schrumpfte der Güterverkehr auf den Strecken der DR auf ein Minimum zusammen. Dies führte im Raw Magdeburg-Salbke zu einem rigorosen Personalabbau. Innerhalb von nur zwei Jahren halbierte sich die Anzahl der Mitarbeiter von rund 1.260 (1992) auf 630 (1994). Mit der Gründung der DB AG firmierte das ehemalige Raw nun als »Werk Magdeburg-Salbke«. Als die DB AG am 30. September 1995 das 100jährige Jubiläum des Ausbesserungswerkes mit einer Fahrzeugschau und einem Tag der offenen Tür feierte, war die Schließung des Standorts nur noch eine Frage der Zeit. Im Dezember 1996 umfasste die Stammbelegschaft des Werkes noch 420 Männer und Frauen. Weitere 180 Eisenbahner gehörten zum Bereich Restrukturierung. Sie demontierten die nicht mehr benötigten Maschinen und Anlagen. Dazu gehörten auch die Puffer- und Radsatzwerkstatt sowie die Zentralschmiede, die als letzte 1996 stillgelegt wurde. Zwei Jahre später, am 31. Dezember 1998, schloss die DB AG das Werk Magdeburg-Salbke.

Die Gebäude sind seither dem Verfall preisgegeben. Pläne, auf dem Gelände des ehemaligen Raw einen Solarpark zu errichten, scheiterten bisher am Einspruch der Denkmalschutzbehörden.

4.6 Das Raw Zwickau (Sachsen)

Mit mehr als 3.000 Beschäftigten war das Raw Zwickau (Sachsen) hinsichtlich der Arbeitskräfte das größte Ausbesserungswerk der DR. Die Ursprünge des Werkes reichen zurück bis in das Jahr 1878, als die K.Sächs. Sts.E. auf dem Gelände des ehemaligen Lengefelder Bahnhofs eine so genannte Nebenwerkstatt errichteten. Allerdings erwies sich der Standort als problematisch, da Erdbrüche und Absenkungen, verursacht durch den Steinkohlenbergbau im Zwickauer Revier, immer wieder zu Schäden an den Gebäuden und Anlagen führten. Deren Beseitigung schlug mit erheblichen Kosten zu Buche. Als Ende des 19. Jahrhunderts auch die Kapazitäten der NW Zwickau (Sachsen) erschöpft waren, erwogen die K.Sächs.Sts.E. den Bau einer neuen Hauptwerkstatt in Werdau. Ein weiteres Argument, das für den Standort Werdau sprach, war der jahrelange Streit zwischen den K.Sächs.Sts.E. und der Stadt Zwickau über den Umbau und die Erweiterung der Bahnanlagen in Zwickau. Nachdem die Stadtverwaltung den Plänen der K.Sächs.Sts.E. im Wesentlichen zugestimmt hatte, fiel 1894 die Entscheidung, die neue Hauptwerkstatt doch in Zwickau zu errichten. Drei Jahre später erwarben die K.Sächs.Sts.E. ein rund großes 315.000 m^2 Grundstück

Das Raw Zwickau (Sachsen) baute zwischen 1958 und 1962 insgesamt 56 Maschinen der Baureihe 58 zu Reko-Maschinen der Baureihe 58.30 um. 58 3032 verließ im Mai 1960 das Raw Zwickau (Sachsen).
Foto: Slg. D. Endisch

und begannen mit den notwendigen Vorarbeiten. Die ersten Baupläne und ein Kostenvoranschlag lagen am 29. April 1898 vor. Am 26. Oktober 1900 bewilligten die K.Sächs.Sts.E. schließlich 3,4 Millionen Mark, bevor dann am 22. August 1903 offiziell mit dem Bau begonnen wurde. Doch die Arbeiten gingen zunächst nur langsam voran, da teilweise Höhenunterschiede von bis zu 6 m ausgeglichen werden mussten. Erst am 1. April 1908 nahmen die K.Sächs.Sts.E. die HW Zwickau (Sachsen) in Betrieb. Zu diesem Zeitpunkt waren aber lediglich der östliche Teil der Wagenwerkstatt, der Westteil der Schmiede, die Radsatzwerkstatt, der Wasserturm und das Verwaltungsgebäude fertig. Von der Lokwerkstatt standen hingegen nur die Fundamente und Grundmauern. Die ersten Eisenbahner stammten in erster Linie aus der geschlossenen NW Zwickau und der HW Leipzig Bayerischer Bahnhof. Wie bei den K.Sächs.Sts.E. üblich war Zwickau ein Gemischtwerk, das neben Lokomotiven auch Personen-, Pack- und Güterwagen unterhielt. Für die Reparatur der Schmalspurfahrzeuge standen zwei separate Stände zu Verfügung. Diese besaßen aufgeständerte Gleise mit 750 und 1.000 mm Spurweite, so dass die Loks bzw. Wagen von den Transportfahrzeugen direkt auf den Reparaturstand umgesetzt werden konnten. Bis zum Beginn des Ersten Weltkrieges vergrößerten die K.Sächs.Sts.E. die Lokwerkstatt (1913) und erweiterten die Wagenabteilung (1914). Bis zum Ende des Krieges stieg die Zahl der Beschäftigten auf rund 1.600 Männer und Frauen an. Ein Jahr später wies die Personalliste des Werkes 3.000 Mitarbeiter aus. Doch ab 1923 baute die Reichsbahn kontinuierlich Personal ab und gab die Erhaltung der Personenwagen und Schmalspurfahrzeuge auf. Ende 1932 umfasste der Personalbestand des RAW Zwickau (Sachsen) nur noch rund 820 Arbeiter und Beamte. Die Dienststelle galt als eines der modernsten und leistungsfähigsten Ausbesserungswerke im Bereich der GDW Dresden. In den 1920er-Jahren hatte die DRG in Zwickau u.a. die Radsatzwerkstatt vergrößert (1920), zusätzliche Büroräume (1920–1924) geschaffen und eine Werkstatt für Bremsarmaturen eingerichtet. Ende der 1930er-Jahre investierte die Reichsbahn abermals in das Werk. Ab 1938 wurde der Anheizschuppen gebaut, der aber erst 1942 eingeweiht werden konnte. Bedingt durch den Zweiten Weltkrieg verzögerten sich die Erweiterung der Lokwerkstatt (1943), der Einbau der 23 m-Drehscheibe (1941) und die Fertigstellung der Überhitzerwerkstatt (1943). Ab 1940 setzte die Reichsbahn im RAW Zwickau (Sachsen) auch bis zu 500 Kriegsgefangene ein.

Am Abend des 12. Mai 1944 wurde das Werk erstmals von Bombern angegriffen. Dabei wurden vor allem der Anheizschuppen, die Schmiede und die Wagenwerkstatt getroffen. Weitere Angriffe erfolgten am 7. Oktober 1944 und am 11. April 1945. Diese verursachten aber im Vergleich zu anderen Ausbesserungswerken nur geringe Schäden. Am 26. Januar 1945 trafen in Zwickau (Sachsen) die Evakuierungszüge des RAW Breslau ein. Nur wenige Wochen später, am 17. April 1945 endete mit dem Einmarsch der US-Armee der Zweite Weltkrieg in Zwickau.

Kurz darauf begannen die Aufräumungsarbeiten, so dass bereits im Sommer 1945 die rund 3.000 Eisenbahner wieder Fahrzeuge reparieren konnten. Bis Ende 1945 verließen insgesamt 358 Lokomotiven und über 4.800 Güterwagen das Werk.

Um dessen Leistungsfähigkeit weiter zu steigern, begann 1947 der Bau einer modernen Kesselschmiede (bis 1952). Weitere wichtige Vorhaben waren die Lehrwerkstatt (1949) und die Berufsschule (1951). Bis 1957 investierte die DR rund 6,8 Millionen Mark in das Werk, das seit dem 13. Oktober 1950 den Namen »7. Oktober« (Nationalfeiertag der DDR) trug.

Auch nach der Gattungsbereinigung im Lokomotivpark im Frühjahr 1947 blieb das Raw Zwickau (Sachsen) ein Gemischtwerk. Die Lokabteilung war für die Erhaltung der Dampfloks der Baureihen 18.0, 19.0, 56.1, 58, 84 und 86 verantwortlich. 1954 waren dies 724 Maschinen. Ab Mitte der 1950er-Jahre führte das Werk im Jahr durchschnittlich 460 Schadgruppen aus. Später war das Raw Zwickau (Sachsen) auch für die Instandsetzung der

Die Werklokomotiven des Raw Zwickau (Sachsen)

Betriebs-Nr.	Bauart	Hersteller	Baujahr	Fabrik-Nr.	DR-Nr.	Bemerkungen
WL 1	Cn2t	Hartmann	1901	2.698	ex 89 255	ab 06.05.1931; + 1935
WL 1 II	Cn2t	Hanomag	1900	3.421	ex 89 7577	ab 03.10.1961; + 17.02.1962; ++ 1962 Raw Karl-Marx-Stadt
WL 1 III	Eh2t	Hartmann	1923	4.561	ex 94 2105	auch als »805.80/01« bezeichnet; ab 12.05.1966; ab 19.07.1973 DR
WL 1 IV	1´D1´h2t	Borsig	1934	14.477	ex 86 149	ab 08.11.1973; + ?
WL 2	Cn2t	Hartmann	1901	2.711	ex 89 268	ab 06.05.1931; + 1935
WL 2 II	Eh2t	?	?	?	ex 94 1809	ab 02.10.1958; ++ 1972 Werdau
WL 2 III	B-dh	LKM Babelsberg	1974	262.534	-	Typ V 22 B; Abnahme am 23.12.1974; ++ 1999 Werk Zwickau
WL 3	1´Dh3	Henschel	1919	16.448	ex 56 121	ab 01.04.1959; + 27.01.1967; ++ 1967 Raw Zwickau
WL 3 II	1´Dh3	Henschel	1920	17.123	ex 56 106	ab 01.03.1967; + ?
WL 3 III	B-dh	LKM Babelsberg	1971	262.348	-	Typ V 22 B; Abnahme am 07.12.1971; ++ 1998 Werk Zwickau
WL 4	B-dm	Gmeinder	1934	1.043	ex Kö 0101	ab 1968; + ?
WL 5	B-dh	LKM Babelsberg	1969	262.154	-	Typ V 22 B; Abnahme am 28.02.1969; 2003 an Eisenbahn-Förderverein Westsachsen/Ostthüringen »Friedrich List« e.V.
WL 6	B-dh	LKM Babelsberg	1969	262.155	-	Typ V 22 B; Abnahme am 28.02.1969; am 24.04.2005 an Verein Sächsische Eisenbahnfreunde e.V. (102 084-1)

Baureihen 24 (ab 1967), 38.2–3 (ab 1965), 42 (ab 1966), 43 (ab 1963) und 57.10–35 (ab 1967) verantwortlich.

Ihr hohes handwerkliches Können stellten die Schlosser der Lokabteilung während des Reko-Programms unter Beweis. Zunächst wurden ausgewählte Maschinen der Baureihe 58 modernisiert. Das Baumuster, 58 3001, wurde am 31. März 1958 fertiggestellt. Bis zum Sommer 1962 verließen insgesamt 56 Exemplare der Baureihe 58.30 das Werk. Zur Entlastung des Raw Karl-Marx-Stadt rekonstruierte das Raw Zwickau (Sachsen) 1959 insgesamt 20 Maschinen der Baureihe 41. Im Jahr 1960 wurde schließlich die Schnellfahrlok 18 314 umgebaut. In der Wagenabteilung prägte hingegen die Reparatur von Kesselwagen das Bild.

Doch das sollte sich 1968 ändern. Ein Jahr zuvor hatte die HvRaw den Beschluss gefasst, das Raw Zwickau (Sachsen) in ein so genanntes Neubau-Raw umzuwandeln. Im September 1967 erhielt das Werk dann den Auftrag, 10-Fuß- und 20-Fuß-Container zu bauen. Diese Vorgabe sorgte vor allem bei den Beschäftigten in der Lokabteilung für Unmut. Doch es half nichts – 58 3031 beendete nach 12.962 Maschinen (seit 1945) am 13. Dezember 1968 die Fahrzeug-Unterhaltung in Zwickau. Im Rahmen einer kleinen Feierstunde verließ die festlich geschmückte Lok mit dem ersten Container-Zug das Werk.

Bereits im November 1967 hatte im Raw Zwickau die Konstruktion der Container begonnen. Das Baumuster konnte am 4. Januar 1968 vorgestellt werden. Anschließend entstanden mühsam in handwerklicher Fertigung in der Tenderwerkstatt die ersten 60 Container, damit die DR am 30. Juni 1968 den Containerverkehr auf der Relation Dresden–Berlin–Rostock aufnehmen konnte. In den folgenden Jahren investierte die DR rund 33 Millionen Mark in den Umbau des Raw Zwickau (Sachsen). Am 3. Oktober 1969 wurde die Fertigungsstraße für den Containerbau eingeweiht. Dort wurden im Laufe der Jahre rund 150.000 Container gebaut.

In den folgenden Jahren kamen weitere Neubau-Aufträge hinzu. Das Werk lieferte vor allem Container-Tragwagen, vierachsige offene Güterwagen (Gattungen Ea und Eas) und Selbstentladewagen (Gattungen Fc und Ta). Ab 1976 wurden im Raw Zwickau (Sachsen) auch Güterwagen modernisiert. Mitte der 1970er-Jahre – das Werk zählte nun bis zu 3.300 Beschäftigte – war Zwickau ein moderner und leistungsfähiger Waggonbaubetrieb. Dies sollte sich jedoch nach der deutschen Wiedervereinigung als ein gravierender Nachteil erweisen. Mit dem Wegbrechen des Güterverkehrs auf der Schiene benötigte die Reichsbahn keine neuen Güterwagen mehr. 1992 wurde die Produktion im Raw Zwickau (Sachsen) eingestellt. Die DR und die DB AG investierten nun in den Aufbau einer Fahrzeug-Unterhaltung. Dies konnte jedoch angesichts der enormen Überkapazitäten im Werkstättenwesen langfristig nicht erfolgreich sein. Im Dezember 1996 wies der Stellenplan für das Werk Zwickau (Sachsen) noch rund 1.100 Beschäftigte aus. Ab 1. Januar 1998 zählte das ehemalige Raw Zwickau (Sachsen) zu DB Cargo. Drei Jahre später, am 26. Juni 2001, verkündete die DB AG die Schließung des Werkes. Dies sorgte zwar für Proteste bei der Lokalpolitik, änderte aber de facto nichts. 2004 verließ der letzte instandgesetzte Waggon das Werk, dessen verbliebene Mitarbeiter bis zum Dezember 2015 noch Komponenten aufarbeiteten.

Einen Teil der nicht mehr benötigten Flächen veräußerte die DB AG an die Stadt Zwickau. Diese begann im Februar 2016 mit dem Abriss der Gebäude, da hier eine neue Justizvollzugsanstalt gebaut werden soll.

Im Zuge des Reko-Programms modernisierte das Raw Zwickau (Sachsen) 1960 auch die Schnellzuglok 18 314. Die Maschine stand von 1951 bis 1971 in Diensten der VES-M Halle (Saale).

Foto: Slg. D. Endisch

5. Weitere Ausbesserungswerke

5.1 Das Raw Blankenburg (Harz)

Das Reichsbahnausbesserungswerk (Raw) Blankenburg (Harz) ging aus der ehemaligen Hauptwerkstatt der Halberstadt-Blankenburger Eisenbahn-Gesellschaft (HBE) hervor. Das im Frühjahr 1870 gegründete Unternehmen gehörte zu den wirtschaftlichsten und innovativsten Privatbahnen in Deutschland. Im Sommer 1921 trennte die HBE den Betriebsmaschinendienst vom Werkstättenwesen. Zu diesem Zweck wurde am 20. Juni 1921 mit einem Stammkapital von 50.000 Mark die »Blankenburger Eisenbahnbedarfs- und Maschinenfabrik GmbH« (Bema) gegründet. Der Geschäftszweck der Bema war *»Bau und Wiederherstellung von Eisenbahn-Bedarfsgegenständen und Maschinen aller Art«*. Die Bema pachtete die dazu notwendigen Gebäude und Anlagen von der HBE. Das Unternehmen gliederte sich in acht Abteilungen. Dazu zählten die Lokomotivhallen I und II, die Gesenk- und Kesselschmiede, die Dreherei und die Rotgussgießerei, das Elektrizitätswerk, der Wagenbau mit Tischlerei und Lackiererei, das Sägewerk in Rübeland sowie die Lehrwerkstatt. Letzterer oblag die Lehrlingsausbildung für alle technischen Berufe bei der HBE. Später bekam die Bema noch eine Elektro-Werkstatt und ein Labor für Werkstoffuntersuchungen.

Dank ihrer modernen Ausrüstung und ihres Fachpersonals entwickelte sich die Bema binnen kürzester Zeit zu einem profitablen Unternehmen, das nicht nur die Lokomotiven und Wagen der HBE instandsetzte. Die Bema arbeitete u.a. auch Fahrzeuge der Gernrode-Harzgeroder Eisenbahn-Gesellschaft (GHE), der Nordhausen-Wernigeroder Eisenbahn-Gesellschaft (NWE) und verschiedener Werkbahnen auf. Ende 1926 beschäftigte die Bema 196 Arbeiter und Angestellte. 1930 zählte das Unternehmen über 230 Beschäftigte.

Die Aufgaben und die Struktur der Bema änderten sich in den 1920er- und 1930er-Jahren nur geringfügig. Erst nach dem Ende des Zweiten Weltkrieges wendete sich das Blatt. Mit dem Befehl 124 der Sowjetischen Mili-

Das Raw Blankenburg (Hart) ging 1950 aus der Hauptwerkstatt der ehemaligen Halberstadt-Blankenburger Eisenbahn hervor. Die Werkstatt war modern ausgestattet und konnte sich durchaus mit den Ausbesserungswerken der DR messen. *Foto: Slg. D. Endisch*

täradministration in Deutschland (SMAD) wurde die Bema am 30. Oktober 1945 unter Sequester gestellt und fortan von der Provinz Sachsen verwaltet. Am 1. September1946 wurde das Unternehmen enteignet und am 1. Januar 1947 der landeseigenen Sächsischen Provinzbahnen GmbH unterstellt. Ab 16. August 1948 gehörte die ehemalige Bema zur Vereinigung Volkseigener Betriebe (VVB) des Verkehrswesens Sachsen-Anhalt. Nur wenige Monate später, am 1. April 1949, übernahm die Deutsche Reichsbahn (DR) die ehemalige Bema. Diese wurde mit Wirkung zum 1. Januar 1950 in ein Reichsbahnausbesserungswerk umgewandelt. Die Generaldirektion (GD) der DR löste wenig später die Wagenabteilung auf und konzentrierte im Raw Blankenburg (Harz) die Erhaltung der Tenderlokomotiven der Baureihen 89.59–66 und 98.60–62. Außerdem war das Werk für die Instandhaltung der Maschinen der Baureihe 89.70–75 der Reichsbahndirektionen (Rbd) Greifswald, Schwerin und Magdeburg sowie der Loks der Baureihe 91 der Direktionen Erfurt, Halle und Magdeburg sowie der Schmalspurloks des Harzes verantwortlich.

Die Unterhaltung dieses bunt zusammengewürfelten Fahrzeugparks stellte die Schlosser, Werkmeister und Ingenieure des Raw Blankenburg (Harz) vor zahlreiche Probleme. Die Maschinen waren kaum genormt, geschweige denn mit vereinheitlichten Bauteilen ausgerüstet. Jede Lok war mehr oder minder ein Einzelstück. Zahlreiche Ersatz- und Tauschteile mussten in Einzelfertigung hergestellt und angepasst werden. Parallel dazu wurden die Maschinen, sofern dies möglich war, mit

Aufgrund der kurzen Schiebebühne im Raw Blankenburg wurden hier ab 1950 in erster Linie Tenderloks der Baureihen 89 und 98.60–62 instandgehalten. 89 6118 wartete im Frühjahr 1955 vor der Schiebebühne auf die Rückfahrt in ihre Heimatdienststelle. *Foto: Slg. D. Endisch*

Normteilen der DR ausgerüstet und an die gültigen technischen Standards angepasst. Dazu gehörte beispielsweise der Einbau von Hülsenpuffern, neuen Bremsventilen, einer Zusatzbremse und einer elektrischen Beleuchtung. Doch das Raw Blankenburg (Harz) bestand nur wenige Jahre.

Mitte der 1950er-Jahre zeigte sich, dass die Schienenfahrzeugindustrie in der DDR nicht in der Lage war, den Bedarf der Reichsbahn an Maschinen und Material zu decken. Der DR fehlte vor allem moderne Gleisbautechnik, mit der die heruntergewirtschaftete Infrastruktur instandgesetzt werden konnte. Angesichts dieser kritischen Situation griff die DR zur Selbsthilfe. Das Ministerium für Verkehrswesen (MfV) verfügte daher am 1. August 1957 die Umwandlung des Raw Blankenburg (Harz) in das Reichsbahn-Entwicklungswerk (REW) Blankenburg (Harz). Bereits im Herbst 1957 stellte die DR die Lokunterhaltung ein. Die Eisenbahner fertigten nun u.a. Signalscheiben, Schwellentragezangen und Richteisen. 1959 begann in Blankenburg (Harz) die Entwicklung und Fertigung von so genannten Kleingeräten, wie z.B. Schwellenfräs- und Kleinstopfmaschinen. Am 1. Januar 1960 wandelte das MfV das REW Blankenburg (Harz) zum Forschungs- und Entwicklungswerk des Verkehrswesens (FEV) um und gliederte es aus der DR aus. Ende 1960 zählte das FEV etwa 1.500 Mitarbeiter. Innerhalb von nur drei Jahren hatten die Ingenieure 98 Projekte bearbeitet und 64 Patente angemeldet. 1961 begann die Produktion von Jochtragekränen, Bettungspflügen, Schwellenauswechselgeräten und Gleisbremsen.

Die Werklokomotiven des Raw Blankenburg (Harz)						
Betriebs-Nr.	Bauart	Hersteller	Baujahr	Fabrik-Nr.	DR-Nr.	Bemerkungen
WL 1	Cn2t	Esslingen	1906	3.381	ex 89 6013	pr. T 3; an Halberstadt-Blankenburger Eisenbahn geliefert; ab 02.10.1954; am 10.03.1963 an Raw Halberstadt

In den 1960er-Jahren änderte sich die Bezeichnung des Werkes mehrfach: Ab 3. März 1964 besaß das FEV Blankenburg (Harz) den Status eines »Wissenschaftlichen Industriebetriebes«. Das MfV unterstellte das Werk mit Wirkung zum 1. Mai 1967 wieder der DR, die es nun als »Forschungs- und Entwicklungswerk« (FEW) bezeichnete. Zunächst zählte das FEW Blankenburg (Harz) zum späteren »Bereich Fahrzeugausbesserung« (BFA), der von der Reichsbahndirektion der Ausbesserungswerke (Rbd Aw) verwaltet wurde. Ab 1977 unterstand das FEW Blankenburg (Harz) der Reichsbahnbaudirektion, da sich in der zweiten Hälfte der 1960er-Jahre das Produktionsprofil des Betriebes geändert hatte. Die vier Schwerpunkte waren jetzt die Entwicklung und die Fertigung von Gleisbaumaschinen sowie Maschinen für die Streckenelektrifizierung, Rangieranlagen (einschließlich Gleisbremsen), Waschanlagen sowie Anlagen und Geräten für besondere Zwecke. Zu diesem Segment gehörte u.a. eine Produktionsanlage für Betonschwellen im Schwellenwerk Retwisch.

Nach der Gründung der Deutschen Bahn AG (DB AG) am 1. Januar 1994 gehörte das FEW Blankenburg (Harz) zunächst zum Geschäftsbereich (GB) Bahnbau. Drei Jahre später ordnete die DB AG das Werk dem Bereich Spezialwerke zu. Allerdings versuchte die DB AG zu diesem Zeitpunkt bereits, das FEW Blankenburg (Harz) als eigenständiges Unternehmen aus dem Konzern auszugliedern oder zu verkaufen. Dies erfolgte schließlich am 1. August 2003. Die in Berlin ansässige »Gesellschaft für Sicherheits- und Umwelttechniken GmbH« (GSU) übernahm das Werk und wandelte es in die FEW Blankenburg (Harz) GmbH um. Diese musste allerdings im Herbst 2009 Insolvenz anmelden. Im Juni 2010 übernahm die Villmann-Gruppe das Unternehmen, das aber nur noch einen kleinen Teil des einstigen Werkgeländes nutzt.

5.2 Das Raw Brandenburg West

Das Raw Brandenburg West war einst eines der größten und modernsten Ausbesserungswerke der Reichsbahn, die den Standort aber erst 1920 übernahm. Mit Beginn des Ersten Weltkrieges stieg der Bedarf an Schießpulver sprunghaft an. Da die vorhandenen Produktionskapazitäten erschöpft waren, beschloss der preußische Staat eine neue Fabrik zu errichten. Am 2. November 1914 wurde beschlossen, das neue Werk auf einer Havelinsel südlich von Brandenburg zwischen der Gemeinde Möser und der Kleinstadt Plaue zu errichten. Bereits am 7. November 1914 übernahm der preußische Staat ein rund 550 Hektar großes Areal und nur wenig später begannen die Bauarbeiten für die »Königlich Preußische Pulverfabrik bei Plaue (Havel)«, die ab Januar 1915 einen Gleisanschluss (Strecke Berlin–Magdeburg) besaß. Innerhalb eines guten Jahres wurden auf dem Arreal 440 Fabrikgebäude und 172 Wohnhäuser gebaut. 1916 wurde der 65 m hohe Wasserturm fertiggestellt. Die Preußische Staatsbahn errichtete für die Pulverfabrik auf der Gemarkung Möser einen neuen Bahnhof, der am 1. Oktober 1916 in Betrieb genommen wurde. Um Verwechselungen mit dem Bahnhof Möser bei Burg zu vermeiden, erhielt die Station den Namen »Kirchmöser«, der auch für die neue Siedlung und den Fabrikkomplex verwendet wurde. Die Pulverfabrik, die in erster Linie

Im Sommer 1957 wurde das Raw Blankenburg (Harz) zum Reichsbahn-Entwicklungswerk umgewandelt. Ab 1. Mai 1967 firmierte das ehemalige Raw als »Forschungs- und Entwicklungswerk« (FEW). Hier wurden in den 1990er-Jahren u.a. die Kippwagen der Gattungen Fas und Fans konstruiert und gebaut (Aufnahme vom 15.03.1996). *Foto: D. Endisch*

Nitrozellulose, Nitroglyzerin und Trinitrotoluol produzierte, zählte bis zu 4.000 Arbeiter und Angestellte. Außerdem waren hier etwa 2.000 Kriegsgefangene beschäftigt. Mit dem Ende des Ersten Weltkrieges hatte die Pulverfabrik ausgedient. Gemäß den Bestimmungen des Versailler Vertrages mussten die Werksanlagen demontiert und an die Siegermächte abgegeben werden. Die Gebäude übernahm das so genannte Reichsschatzministerium, das das Werksgelände im Februar 1920 schließlich an das Reichsverkehrsministerium (RVM) weitergab. Das RVM bezeichnete das Objekt zwar als »Reichseisenbahnwerk Plaue«, doch die Reichseisenbahnen übernahmen das Areal erst im Frühjahr 1920. Ab Mai 1921 trug das Gelände den Namen »Eisenbahnwerk Brandenburg-West«. Der Begriff »Ausbesserungswerk« wurde bewusst nicht verwendet, da der Dienststelle zuerst völlig andere Aufgaben oblagen. Erst 1922 beschloss die DR den Bau einer modernen Lokwerkstatt, die im Frühjahr 1924 ihre Arbeit mit rund 300 Beschäftigten aufnahm. Kernstück des späteren RAW Brandenburg West war die 310 m lange und 120 m breite Richthalle. Im Unterschied zu der bisher verwendeten Unterhaltungstechnologie blieb die Maschine nicht auf einem Stand stehen, sondern gelangte vom so genannten Zerlegungsstand weiter zum Reparaturstand und von dort schließlich zum Richtstand, wo die Lok wieder zusammengebaut wurde. Die Einzelteile wurden in speziellen Werkstätten aufgearbeitet. Durch diese neue Technologie zählte das RAW Brandenburg West zu den modernsten Ausbesserungswerken der Deutschen Reichsbahn-Gesellschaft (DRG). 1926 waren in Brandenburg West fast 1.500 Arbeiter und Beamte beschäftigt. Der Erhaltungsbestand des Werkes umfasste Ende 1939 insgesamt 433 Lokomotiven der Baureihen 38.10–40, 41, 39.02–2, 56.1, 93.0–4 sowie die Stromlinientenderlok 61 001.

Neben dem so genannten Lokomotivwerk gab es in Brandenburg-West noch das »Zentralwerk«. Dazu gehörten neben dem Kraftwerk für die Energieversorgung und der Zentralschule eine Weichenwerkstatt, die Chemische Versuchsanstalt und weitere Werkstätten, in denen u.a. Weichen, Werkzeuge und Fahrkartenlochzangen produziert wurden. 1936 wurde eine Wagenabteilung gebildet, die Fahrzeuge für militärische Zwecke umrüstete.

Während des Zweiten Weltkrieges endete de facto die Lokunterhaltung im RAW Brandenburg West. Ende Juli 1942 wurde das gesamte Werk demontiert, auf 276 Güterwagen verladen und mit einem Teil der Belegschaft nach Kramatorsk in der Ukraine verlegt. Dort wurden die Anlagen jedoch nicht wieder aufgebaut.

Die in Brandenburg West verbliebenen Schlosser unterstanden nun dem Zentralwerk und führten nur noch kleinere Instandsetzungen aus. Die leeren Hallen des

Die stromlinienverkleidete Dampflok 61 001 gehörte bis 1945 zum Erhaltungsbestand des RAW Brandenburg West. Im Sommer 1937 eilte die Maschine mit dem D 53 nach Berlin durch Dresden.

Foto: W. Hubert, Slg. J. Töpelmann, Archiv transpress

Die Werklokomotiven des Raw Brandenburg West						
Betriebs-Nr.	Bauart	Hersteller	Baujahr	Fabrik-Nr.	DR-Nr.	Bemerkungen
805 80/1	Cn2t	Wolf	1902	472	ex 89 7390	ab 21.05.1946; + ?
805 80/2	Ch2t	Union	1927	2.797	ex 80 007	ab 21.03.1955; + ?
805 80/2II	B-dm	LKM Babelsberg	1958	252.006	-	1973 für Gleisbaumechanik Kirchmöser; + ?
805 80/3	Ch2t	Union	1927	2.801	ex 80 011	ab 16.03.1955; + ?
805 80/4	Ch2t	Hohenzollern	1928	4.572	ex 80 020	ab 01.01.1955; ++ 09.1972 Brandenburg West
805 80/5	Ch2t	Jung	1928	3.865	ex 80 026	ab 16.03.1955; ++ 09.1972 Brandenburg West
805 80/6	Ch2t	Jung	1928	3.864	ex 80 025	ab 31.01.1951; + ?
805 80/6II	Ch2t	Hohenzollern	1927	4.564	ex 80 004	ab 24.09.1963; + 1970
805-80-10	B-dh	LKM Babelsberg	1972	262.354	-	für Gleisbaumechanik Kirchmöser; 2002 an Gleisbaumechanik Brandenburg GmbH
805-80-11	B-dh	LKM Babelsberg	1972	262.355	-	für Gleisbaumechanik Kirchmöser; 2002 an Gleisbaumechanik Brandenburg GmbH
805-80-12	B-dh	LKM Babelsberg	1972	262.356	-	für Gleisbaumechanik Kirchmöser; 2002 an Gleisbaumechanik Brandenburg GmbH
805-80-13	B-dh	LKM Babelsberg	1972	262.357	-	für Gleisbaumechanik Kirchmöser); 1995 an FEW Blankenburg; 2000 an Deutsche Gleis- und Tiefbau GmbH, Berlin (Lok 7)

Lokwerks übernahm die Brandenburger Eisenwerke GmbH, die hier Panzer und Panzerteile produzieren ließ. Nach dem Zweiten Weltkrieg besetzte die Rote Armee zunächst das Gelände. Die SMAD ließ das Panzerwerk demontieren. Der größte Teil des Lokwerks verblieb bei den sowjetischen Streitkräften, die hier eine große Panzerwerkstatt einrichteten. Außerdem entstand auf dem Gelände des ehemaligen Lokwerks das Walzwerk Kirchmöser, das ab 1954 zum Stahl- und Walzwerk Brandenburg gehörte.

Das ehemalige Zentralwerk führte ab 1946 die Bezeichnung »Raw Brandenburg West«. Allerdings endete hier 1949 die Lokausbesserung. Stattdessen wurden nun Güterwagen repariert. 1952 nahm das Weichenwerk seine Arbeit auf und wurde zum 1. Januar 1954 als eigenständige Dienststelle aus dem Raw ausgegliedert. 1965 gab die Hauptverwaltung der Reichsbahnausbesserungswerke (HvRaw) das Raw Brandenburg West an die Reichsbahnbaudirektion ab, die den Betrieb nun als »Werk für Gleisbaumechanik« bezeichnete. Fortan oblag dem Werk die Erhaltung aller Gleisbaumaschinen und Eisenbahnkräne der DR. Außerdem übernahm die Dienststelle die Produktion der Schweren Kleinwagen (SKL) der Typen »Schöneweide« (SKL 24) und SKL 25 sowie den Bau von Bahndienstwagen. Des Weiteren befanden sich auf dem weitläufigen Areal in Kirchmöser die Zentrale Beschaffungsstelle der DR sowie die Zentrale Prüf- und Entwicklungsstelle des Verkehrswesen (ZPEV), die 1960 aus dem Chemischen Versuchsamt, der Lagerversuchsanstalt und der Mechanischen Versuchsanstalt hervorgegangen war.

Die politischen und wirtschaftlichen Umwälzungen der Jahre 1989/90 hatten auch Folgen für die DR-Betriebe in Kirchmöser. Bereits 1991 übernahm die Butzbacher Weichenbau GmbH (BWG) 65 % der Anteile an der Weichenwerk Brandenburg GmbH. Die übrigen Anteile veräußerte die DB AG 1998. Fünf Jahre später ging das Weichenwerk gemeinsam mit dem Mutterunternehmen an die in Österreich ansässige Voestalpine AG, die heute am Standort Brandenburg etwa 320 Männer und Frauen beschäftigt. Das Werk für Gleisbaumechanik unterstand ab 1994 dem GB Bahnbau und wurde schließlich 2002 als »GBM Gleisbaumechanik Brandenburg (Havel) GmbH« privatisiert. Seither unterhält die DB AG in Kirchmöser nur noch ein so genanntes Forschungs- und Technologiezentrum.

5.3 Das Raw Gotha

Hinter der Dienststellenbezeichnung »Raw Gotha« verbergen sich zwei verschiedene Werke. Die Geschichte des ersten Reichsbahnausbesserungswerkes begann 1874, als die Thüringische Eisenbahn-Gesellschaft (ThEG) in Gotha eine neue Hauptwerkstatt in Betrieb

Die HvRaw gab 1965 das Raw Brandenburg West an die Reichsbahnbaudirektion ab. Der Betrieb wurde fortan als »Werk für Gleisbaumechanik« bezeichnet und war u.a. für die Unterhaltung der Schweren Kleinwagen (SKL) des Typs »Schöneweide« verantwortlich. *Foto: D. Endisch*

Das Werk für Gleisbaumechanik erhielt 1972 für den Rangierdienst vier Dieselloks des Typs V 22 B. Die Werklok 805-80-13 wurde 1995 an das FEW Blankenburg abgegeben. *Foto: D. Endisch*

nahm. Nach der Übernahme der Betriebsführung auf den Strecken der ThEG durch die Preußische Staatsbahn im Frühjahr 1882 wurde die Hauptwerkstatt (HW) Gotha stetig erweitert. Das Werk war in erster Linie für die Instandsetzung von Lokomotiven sowie Personen- und Güterwagen verantwortlich. Erst 1927 wandelte sich das Bild in den Werkhallen. Die DRG schloss die Lokabteilung, deren Aufgaben fortan das RAW Meiningen (siehe S. 54) erledigte. Im Gegenzug wandelte die DRG das RAW Gotha in ein reines Wagenwerk um. Hier wurden nun ausschließlich zwei- und dreiachsige Personen-, Pack-, Post- und Güterwagen repariert. Außerdem bestand im RAW Gotha eine zentrale Werkstatt für Bremsventile sowie Brems- und Heizkupplungen. Im Sommer 1939 verfügte das RAW Gotha über eine Grundfläche von insgesamt rund 78.000 m^2, von denen etwa 44.000 m^2 bebaut waren. Das Werk besaß 101 Arbeitsstände.

Bei dem schweren Bombenangriff auf Gotha am 6. Februar 1945 wurde das Werk zu 90 % zerstört. Das Hauptgebäude und die Richthalle konnten nicht mehr genutzt werden. Nur mit Mühe gelang es der Belegschaft, die Ende 1945 aus mehr als 2.300 Männern und Frauen bestand, die Trümmer zu beseitigen und die Wagenreparatur wieder aufzunehmen. Anfang 1946 waren erst 20 % der Schäden repariert. Auch in der Folgezeit konnte die Reichsbahn aufgrund fehlender Arbeitskräfte und Engpässen bei der Materialversorgung die Kriegsschäden nur langsam beheben. Ab 1950 setzten die Werkstätteneisenbahner nur noch zwei- und dreiachsige Personen- und Packwagen instand. 10 Jahre später war dies Geschichte. Die Reichsbahn gab das Raw Gotha 1960 an den VVB Landmaschinenbau ab. Die Unterhaltung der Wagen oblag hingegen ab 1. Oktober 1960 dem Raw Potsdam (siehe S. 82). Der VVB Landmaschinenbau wandelte das Ausbesserungswerk zum VEB Traktorenwerk Gotha um, der ab 1984 als »VEB Fahrzeugachsenwerk Gotha« bezeichnet wurde.

Doch der Begriff »Raw Gotha« verschwand nur kurze Zeit aus dem Werkstättenverzeichnis der DR. Die Anfänge des »neuen« Reichsbahnausbesserungswerkes reichen zurück bis in das Jahr 1903. Fritz Bothmann, einer der Gründer der späteren »Gothaer Waggonfabrik AG«, wagte 1902 mit seiner »Waggon- und Maschinenfabrik« einen unternehmerischen Neubeginn. Bothmann erwarb in der heutigen Südstraße in Gotha ein Gelände und begann hier mit 25 Beschäftigten die Fertigung von Karussells und Wagen. Nach nur wenigen Jahren sah sich Bothmann gezwungen, die Produktionsanlagen zu vergrößern. Dies war jedoch in der Südstraße nicht möglich. Bedingt durch den Ersten Weltkrieg konnte Bothmann erst 1921 an der Kindlebener Straße ein neues Grundstück erwerben. Das Areal an der Südstraße veräußerte Fritz Bothmann am 10. Dezember 1921 für 900.000 Mark an die Mitteleuropäische Schlafwagen- und Speisewagen-AG (Mitropa). Die 1916 gegründete Mitropa wandelte Bothmanns alte Waggon- und Maschinenfabrik in eine Hauptwerkstatt für Schlaf- und Speisewagen um, die offiziell am 23. März 1922 in Betrieb genommen wurde. Bereits 1924 musste die Mitropa das Werk erstmals erweitern. 1928 war die Hauptwerkstatt für die Unterhaltung von 7 Salon-, 310 Schlaf- und 271 Speisewagen verantwortlich. Als die Mitropa in den 1930er-Jahren ihren Fahrzeugpark vergrößerte, hatte das Reparaturwerk in Gotha seine Kapazitätsgrenze erreicht. Da eine Erweiterung nicht möglich war, errichtete die Mitropa in Falkensee bei Berlin eine zweite Werkstatt.

Mit der Einschränkung des Schnellzugverkehrs während des Zweiten Weltkrieges verlor die Unterhaltung der Salon-, Schlaf- und Speisewagen in Gotha an Bedeutung. Die Beschäftigten setzten nun auch Lazarett-Wagen und andere militärisch genutzte Eisenbahnfahrzeuge instand. 1944 zählte die Mitropa-Werkstatt nur noch 83 Beschäftigte. Ein Teil der Werkhallen wurde auch für die Rüstungsproduktion genutzt. In der Tischlerei entstand beispielsweise das Muster des von den Brüdern Reimar und Walter Horten entwickelten Kampfflugzeugs GO 229.

Im Gegensatz zum RAW Gotha wurde die Mitropa-Werkstatt bei den Bombenangriffen in den Jahren 1944/45 kaum beschädigt. Daher konnten die Beschäftigten nur wenige Tage nach dem Einmarsch der US-Armee am 4. April 1945 ihre Arbeit wieder aufnehmen. Die zunächst instandgesetzten Fahrzeuge wurden meist von der Besatzungsmacht genutzt und im Juni 1945 in Richtung Westen abgefahren. Ab 1. Juli 1945 gehörte Gotha und damit auch das Reparaturwerk der Mitropa zur SBZ. Ende 1945 zählte das Werk rund 130 Beschäftigte, die nun neben Personen- und Güterwagen ab 1948 auch Postwagen aufarbeiteten.

Außerdem fertigte das Mitropa-Werk in Zusammenarbeit mit dem Raw Gotha 1946 für die sowjetische Besatzungsmacht zwei so genannte Fahrbare meteorologische Stationen (FMS). Hinter diesem wissenschaftlich klingenden Namen verbargen sich zwei Spezialzüge, mit denen die Rote Armee die noch in der SBZ gefundenen Raketen des Typs V 2 abtransportierte. Jeder die-

Für die Unterhaltung ihrer Schlaf- und Speisewagen unterhielt die Mitropa ab 1922 in Gotha ein eigenes Ausbesserungswerk. Die DR übernahm die Mitropa-Werkstatt und wandelte sie in ein Raw um. Das Raw Gotha war auch weiterhin für die Erhaltung von Liege-, Schlaf- und Speisewagen verantwortlich.
Foto: Slg. D. Endisch

ser Züge bestand aus insgesamt 82 Fahrzeugen, die mit Wechselradsätzen zum Umspuren ausgerüstet waren. Die Wohn- und Begleitwagen für die FMS lieferte die Mitropa-Werkstatt, die später neben Salon- und Autotransportwagen auch so genannte Redaktions- und Wahlwagen aufarbeitete bzw. umbaute. Ab 1948 setzten die 325 Beschäftigten verstärkt Schlaf- und Speisewagen instand. Die ersten Wagen konnten im April 1949 in Betrieb genommen werden. Auch in den 1950er-Jahren übernahm das Mitropa-Werk neben den regulären Instandhaltungsarbeiten immer wieder Sonderaufträge. Dazu gehörten u.a. ein Agitationszug, Kinowagen sowie Transport- und Wohnwagen für den Zirkus »Barlay«. 1954 entstand in Zusammenarbeit mit dem Raw Delitzsch ein Kinderferienzug. Außerdem übernahm das Mitropa-Werk den Innenausbau des Messbootes »Artur Wechmann« für das meteorologische Institut Potsdam. 1959 lieferte die Werkstatt einen Wagen für die Oberweißbacher Bergbahn. Bereits 1959 hatte die Mitropa-Werkstatt mit der Modernisierung der Altbau-Schlafwagen begonnen. Später folgten auch Speise- und Liegewagen. 1962 entstanden in Gotha die Wagen für den »Touristenexpreß« (Tourex), der anlässlich des VI. Parteitages (15.–21.01.1963) der Sozialistischen Einheitspartei Deutschlands seiner Bestimmung übergeben wurde.

Nur wenige Monate später, am 1. Januar 1964, übernahm die DR die Mitropa-Werkstatt und wandelte sie in eine eigenständige Dienststelle um. Mit durchschnittlich 400 Mitarbeitern zählte das »neue« Raw Gotha zu den kleinsten Ausbesserungswerken der DR. Diese investierte in den 1960er-Jahren in das Werk. Es entstand u.a. ein modernes Verwaltungs- und Sozialgebäude. Das Raw Gotha war weiterhin für die Erhaltung der Liege-, Schlaf- und Speisewagen der Mitropa verantwortlich. Außerdem arbeiteten die Werkstätteneisenbahner vierachsige Bahnpostwagen sowie Salon- und Sonderwagen auf.

Allerdings währte die Selbstständigkeit der Dienststelle nur wenige Jahre. Ab 1. Januar 1971 war das ehemalige Mitropa-Werk eine Werkabteilung (WA) des Raw Delitzsch. An den Aufgaben der Beschäftigten änderte sich hingegen nichts. Zeitweilig arbeitete die WA Gotha auch Fahrzeuge der Tschechoslowakischen Staatsbahnen (CSD) auf.

Erst nach der deutschen Wiedervereinigung verlor das Werk an Bedeutung. 1993 waren noch rund 320 Männer und Frauen in der WA Gotha beschäftigt. Doch in der Folgezeit wurde die Belegschaft immer weiter reduziert. 1998 schlossen sich die Tore für immer. Seither ist das Gelände dem Verfall preisgegeben.

5.4 Das Kaw Greifswald

Das Kraftwagen-Ausbesserungswerk (Kaw) Greifswald nahm unter den Ausbesserungswerken der DR eine Sonderrolle ein. Mit der Eröffnung der Strecke Anklam–

Stralsund am 1. November 1863 nahm die Berlin-Stettiner Eisenbahn-Gesellschaft (BStE) auch ihre neue Werkstatt in Greifswald in Betrieb. Die BStE hatte im Oktober 1863 insgesamt 40 Handwerker aus den Werkstätten Pasewalk, Stargard (Pommern) und Stettin nach Greifswald versetzt, wo fortan Lokomotiven und Wagen repariert wurden. Die Preußische Staatsbahn wandelte die Werkstatt mit der Übernahme der Betriebsführung auf den Strecken der BStE am 1. Februar 1880 in eine eigenständige Hauptwertstatt um und erweiterte sie in den folgenden Jahren. Zunächst wurde 1883 die Richthalle der Lokabteilung vergrößert, bevor später eine Lackiererei (1891), eine Lehrwerkstatt (1885) und ein Magazin (1887) entstanden. Im Jahr 1890 waren rund 400 Arbeiter und Beamte in der HW Greifswald beschäftigt.

Anfang des 20. Jahrhunderts genügten die baulichen Anlagen nicht mehr den gewachsenen Ansprüchen. Daher ergänzte die Preußische Staatsbahn die Lokwerkstatt in den Jahren 1906/07 durch einen Erweiterungsbau, der 462.000 Mark kostete. Außerdem erhielt die Lokrichthalle eine elektrische Schiebebühne und Hebekräne. Zwischen 1911 und 1913 entstand die neue Wagen- und Lackierwerkstatt. Die Kosten für diese Eisenbeton-Konstruktion beliefen sich auf 570.000 Mark. Im Sommer 1914 zählte die HW Greifswald 625 Beschäftigte, die neben Lokomotiven auch Personen- und Güterwagen aufarbeiteten. Während des Ersten Weltkrieges stockte die Preußische Staatsbahn die Belegschaft auf rund 800 Männer und Frauen auf. Nach der Rückkehr der ab 1914 zum Militärdienst einberufenen Eisenbahner wies die DRG 1924 für das RAW Greifswald rund 1.200 Mitarbeiter aus. Allerdings arbeitete das Werk im Vergleich zu anderen Dienststellen unwirtschaftlich, so dass die DRG die baldige Schließung der Werkstatt beschloss. Bereits im Herbst 1924 begann der Personalabbau. Am 28. Februar 1926 legte die DRG das RAW Greifswald offiziell still. Anschließend ließ die Reichsbahn alle Maschinen und Anlagen demontieren sowie den größten Teil der Gebäude abreißen. Lediglich die ehemalige Wagenwerkstatt blieb erhalten. Sie wurde mittels Trennmauern geteilt und später als Lager, Werkstatt und Sporthalle vermietet.

Erst nach dem Zweiten Weltkrieg wendete sich das Blatt. Angesichts der fehlenden Werkstattkapazitäten gründete die Rbd Greifswald im Oktober 1945 eine so genannte Nebenwerkstatt. Diese begann im alten Lokschuppen am Bahnhof zunächst mit der Aufarbeitung von Ersatzteilen für Lokomotiven. Ab März 1946 nutzte die Nebenwerkstatt dann das alte Raw-Gelände. Hier arbeiteten Ende 1946 rund 200 Eisenbahner, die in erster Linie Personen- und Güterwagen reparierten. Die DR baute die Dienststelle schrittweise auf. Die Lehrwerkstatt nahm am 15. Mai 1948 ihre Arbeit auf. Ab 1. Januar 1952 besaß Greifswald wieder den Status eines eigenständigen Ausbesserungswerkes, das für die Erhaltung von Bahndienstwagen zuständig war. Die Greifswalder Eisenbahner unterhielten in erster Linie Begleiterwagen für die Lok-Kolonnen. Nach der Auflösung der so genannten Transportbrigaden am 1. Juli 1954 bestimmten Güterwagen das Bild im Raw Greifswald.

Doch Anfang der 1960er-Jahre änderte sich das Produktionsprofil des Werkes grundlegend. Mit dem fortschreitenden Einsatz von Lastkraftwagen und Omnibussen sowie dem einsetzenden Individualverkehr mussten auch entsprechende Werkstattkapazitäten aufgebaut werden. Doch Ende der 1950er-Jahre hatten allerdings die volkseigenen Kraftfahrzeuginstandsetzungsbetriebe (KIB) im Bezirk Rostock ihre Leistungsgrenze erreicht. Aus diesem Grund schlug der Rat des Bezirkes 1959 vor, das Raw Greifswald auf die Reparatur von Straßenfahrzeugen umzustellen. Für den Standort sprachen vor allem die vorhandenen Gebäude und technischen Anlagen, die ohne größere Umbauten sofort genutzt werden konnten. Bei der GD der DR stieß die Idee auf offene Ohren, da die Reichsbahn ebenfalls ein leistungsfähiges Ausbesserungswerk für ihre Kraftfahrzeuge benötigte. Am 14. April 1959 informierten Vertreter der HvRaw die Eisenbahner in Greifswald über die geplante Umprofilierung. Wenige Wochen später, im September 1959 begann die Umschulung der Werkstätteneisenbahner, bevor am 1. Januar 1960 das Kraftwagen-Ausbesserungswerk (Kaw) gebildet wurde. Die Dienststelle, die bei der DR verblieb, bestand aus dem ehemaligen Raw Greifswald und dem KIB Greifswald. Das Kaw Greifswald gliederte sich zunächst in drei Betriebsabteilungen. Als »Betriebsabteilung I« wurde das ehemalige Raw bezeichnet. Hier hatte die Verwaltung ihren Sitz. Bis zum September 1960 wurden hier noch Güterwagen repariert, bevor Straßenfahrzeuge durch das Werktor rollten. Die Betriebsabteilung II war das ehemalige Hauptwerk des KIB Greifswald. Die in der Betriebsabteilung III ansässige Motorenwerkstatt wurde 1961 in das Stammwerk verlegt.

Das Kaw Greifswald setzte zunächst nur Personen- und Lastkraftwagen sowie Omnibusse instand. Später kamen auch noch Anhänger sowie Sattelauflieger (ab 1968) hinzu. Das Werk arbeitete nicht nur Straßenfahrzeuge für die DR, sondern auch für die Kraftverkehrsbetriebe und die volkseigene Industrie im Bezirk Rostock auf. Ab 1966 kamen auch Kraftfahrzeuge aus den Bezirken Berlin, Frankfurt (Oder), Magdeburg, Neubrandenburg und Schwerin sowie der Nationalen Volksarmee und der anderen bewaffneten Organe nach Greifswald. In den 1970er-Jahren übernahm das Kaw Greifswald auch die Instandsetzung von Privat-Pkw.

Der Rat des Bezirkes Rostock strebte 1981 eine Ausgliederung des Kaw Greifswald aus der DR an. Das Werk sollte mit anderen Werkstätten zu einem so genannten Kombinat für Kraftfahrzeug-Instandsetzung zusammengefasst werden. Doch dieses Vorhaben stieß bei der DR auf Widerstand. Letztlich vereitelte die im Frühjahr 1981 einsetzende Ölkrise in der DDR die Planungen. Angesichts der neuen Vorgaben im Transportwesen – das Motto lautete nun »Von der Straße auf die Schiene« – beschloss der Ministerrat der DDR am 2. Oktober 1981 erhebliche Einschränkungen im Lkw-Verkehr und beim Omnibus-Einsatz. Damit verblieb auch das Kaw Greifswald bei der DR. Die vorgesetzte Rbd Aw erarbeitete etwa zeitgleich ein neues Konzept für

Karl Mewis

Karl Mewis wurde am 22. November 1907 in Hannoversch Münden geboren und absolvierte eine Schlosserlehre. Er trat 1922 der Sozialistischen Arbeiterjugend bei, wechselt aber 1923 zum Kommunistischen Jugendverband Deutschlands und war ab 1924 Mitglied der KPD, die ihn u.a. als Organisationssekretär für den Bezirk Magdeburg-Anhalt (1929–1932) einsetzte. Nach einem Aufenthalt in Moskau (1932–1934) war er illegal in Deutschland tätig, bevor er 1936 nach Dänemark emigrierte. Nach einem Aufenthalt in Frankreich war er 1937/38 in leitender Funktion bei den Internationalen Brigaden in Spanien tätig. Nach Stationen in Prag und Malmö gelangte er nach Stockholm. Im Dezember 1945 kehrte er nach Deutschland zurück. Ab 1950 war er Erster Sekretär der SED-Landesleitung Mecklenburg-Vorpommern bzw. der Bezirksleitung Rostock (23.07.1952). In dieser Funktion setzte sich Mewis, der ab 1952 Mitglied des Zentralkomitees der Sozialistischen Einheitspartei Deutschlands war, für den Bau des Rostocker Überseehafens und die Zwangskollektivierung in der Landwirtschaft ein. 1961 wurde er zum Vorsitzenden der Staatlichen Plankommission ernannt, aber nur zwei Jahre später all seiner Ämter enthoben und als Botschafter nach Warschau versetzt. Ab 1969 war Karl Mewis wissenschaftlicher Mitarbeiter am Institut für Marxismus-Leninismus beim ZK der SED. Er verstarb am 16. Juni 1987 in Berlin.

Das Kaw Greifswald hielt für die Wärmeversorgung seiner Gebäude ab 1981/82 die zu Dampfspendern umgebauten 52 1414 und 52 6183 vor. Die Heizprovisorien hatten erst mit der Schließung des Kaw Greifswald 1993 ausgedient. *Foto: Slg. D. Endisch*

das Werk. Die »Konzeption für den Endausbau des Kaw Greifswald« sah zum einen die Erweiterung der Pkw-Instandsetzung für die Bevölkerung und zum anderen den Ausbau der Rationalisierungsmittel-Fertigung vor. Bereits 1982 begann in Greifswald die Produktion der so genannten Mehrzweckfahrerkabinen (MZ-Kabinen) für das FEW Blankenburg (Harz) und das Raw Leipzig-Engelsdorf. Später lieferte das Kaw Greifswald u.a. Ventile für Kesselwagen. Damit war das Werk in den 1980er-Jahren voll ausgelastet. Anlässlich des 125-jährigen Betriebsjubiläums gab die DR dem Werk 1988 den Namen »Karl Mewis« (siehe Kasten links).

Die tiefgreifenden wirtschaftlichen und politischen Veränderungen der Jahre 1989/90 hatten für das Kaw Greifswald gravierende Folgen. Mit dem sprunghaften Anstieg des Individualverkehrs und dem Entstehen zahlloser neuer Autowerkstätten verlor die Dienststelle ihre Existenzberechtigung. Bereits im Herbst 1990 begann die DR, den Personalbestand des Kaw Greifswald zu verringern. Bei den Planungen für die Langfristige Werkeordnung (LWO) im Spätsommer 1992 spielte das Werk bereits keine Rolle mehr. 1993 löste die DR die Dienststelle offiziell auf. Nach der Räumung der Werkstätten und Gebäude versank das Areal am Bahnhof in einen jahrelangen Dornröschenschlaf. Erst Ende des Jahres 2014 stimmte die Bürgerschaft der Stadt Greifswald einer Umwandlung der alten Wagenwerkstatt in ein Einkaufszentrum zu.

5.5 Das Raw Jena

Die Saaleisenbahn-Gesellschaft (SeG) nahm am 1. Mai 1874 den Betrieb auf ihrer Stammstrecke Großheringen–Camburg–Saalfeld (Saale) auf. Zeitgleich wurde auch die Betriebswerkstätte in Jena Saalbahnhof ihrer Bestimmung übergeben. An der Ausfahrt in Richtung Camburg hatte die SeG einen dreigleisigen Rechteckschuppen errichten lassen. Die Werkstatt verfügte über vier Drehbänke, eine Hobelmaschine, eine Fräse und zwei Bohrmaschinen, die alle von einer 10 PS starken Dampfmaschine mit Hilfe einer Transmission angetrieben wurden. Die Eisenbahner setzten neben den Lokomotiven und Wagen der SeG auch die Fahrzeuge der Weimar-Geraer Eisenbahn-Gesellschaft sowie Brücken und andere technische Anlagen der SeG instand. Bis 1879 stieg der Personalbestand der Werkstatt auf 32 Arbeiter an.

Nach der Übernahme der Saaleisenbahn durch die Preußische Staatsbahn am 1. Oktober 1895 wurde die Betriebswerkstätte in eine Nebenwerkstatt umgewandelt. Die NW Jena war fortan für die Unterhaltung von Lokomotiven und Güterwagen verantwortlich. In den folgenden Jahren baute die Preußische Staatsbahn den Standort immer weiter aus. 1903 entstand eine neue Wagenwerkstatt mit fünf Gleisen (35 Stände) und innenliegender Schiebebühne. Mit Wirkung zum 1. April 1903 besaß Jena den Status einer Hauptwerkstätte. Hier waren 1907 rund 310 Arbeiter und Beamte beschäftigt, die 102 Lokomotiven und 228 Güterwagen aufarbeiteten.

Ab 1910 ließ die Preußische Staatsbahn abermals die Anlagen erweitern und modernisieren. Allerdings konnten die letzten Arbeiten erst 1924 abgeschlossen werden. Das RAW Jena verfügt nun über drei Richthallen mit insgesamt 52 Arbeitsständen für Wagen und sechs Arbeitsständen für Lokomotiven. 700 Eisenbahner waren im RAW Jena beschäftigt. Hier wurden neben Loks nur noch zwei- und dreiachsige Güterwagen aufgearbeitet. Um Kosten zu sparen, löste die DRG das RAW Jena am 1. Januar 1925 auf und wandelte es in eine Außenstelle des RAW Gotha um. In der zweiten Hälfte der 1920er-Jahre verringerte die DRG weiter den Personalbestand. 1932 waren hier noch 140 Männer und Frauen tätig.

Erst ab Mitte der 1930er-Jahre stellte die Reichsbahn wieder neue Mitarbeiter ein. Ab 1. April 1937 war das RAW Jena wieder selbstständig. Im Sommer 1939 gehörte das Werk mit einer Grundfläche von insgesamt rund 65.000 m², von denen etwa 46.000 m² bebaut waren, zu den kleinsten Ausbesserungswerken in Deutschland. Gleichwohl besaß die Werkstatt eine große Bedeutung, da hier u.a. Kesselwagen instandgesetzt wurden. Mit Beginn des Zweiten Weltkrieges wurden zahlreiche Eisenbahner zum Militär einberufen. Um diese Lücken zu schließen entstand bereits 1940 auf dem Gelände des RAW Jena ein Barackenlager für deutschstämmige Arbeitskräfte aus Wolhynien. Ab 1942 wurden Zwangsarbeiter aus der Sowjetunion eingesetzt, bevor 1944 ein Außenlager des KZ-Buchenwald mit bis zu 950 Häftlingen entstand. Bei einem Bombenangriff auf Jena am 9. April 1945 wurde auch das Ausbesserungswerk schwer beschädigt. Das alte Verwaltungsgebäude und die Richthalle 2 wurden völlig zerstört.

Zwar begannen die Eisenbahner noch im April 1945 mit dem Wiederaufbau, doch die Arbeiten gingen nur langsam voran. Im Sommer 1945 zählte das Raw Jena rund 680 Beschäftigte, von denen die meisten ab 1. September 1945 wieder zwei- und dreiachsige Güterwagen reparierten. Die Lokwerkstatt nahm wenig später die Arbeit wieder auf, wurde aber im Sommer 1947 geschlossen. Die GD der DR wandelte das Raw Jena in ein reines Güterwagen-Raw um, das vor allem so genannte Fremdwagen aufarbeitete. Ab 1952 war das Werk, gemeinsam mit den Ausbesserungswerken Niedersachswerfen (siehe S. 134) und Zwickau (siehe S. 112), für die Erhaltung der Kesselwagen verantwortlich. Ab 1960 verlor die Instandhaltung jedoch an Bedeutung, da das Werk nun mit dem Neubau von zwei- und vierachsigen Kesselwagen begann. Darüber hinaus lieferte das Raw Jena im Laufe der Jahre auch Gaskes-

Die Werklokomotiven des Raw Jena						
Betriebs-Nr.	Bauart	Hersteller	Baujahr	Fabrik-Nr.	DR-Nr.	Bemerkungen
Kö 1	B-dm	Deutz	1941	33.103	-	Typ A3M 420 R; an Deutsche Wehrmacht geliefert; ab 1950; + ?
Kö 2	B-dm	Deutz	1941	33.108	-	Typ A3M 420 R; an Deutsche Wehrmacht geliefert; ab 1950; + ?
WL 1	Cn2t	Borsig	1890	4.297	ex 89 7082	ab 06.05.1931; + ?
WL 1^{II}	1´Cn2t	Union	1899	1.012	ex 91 148	ab 01.06.1953; + 1963
WL 2	Cn2t	Henschel	1907	7.028	ex 89 6015	an Kleinbahn AG Neuhaldensleben-Weferlingen geliefert; ab 20.01.1954; auch als »805.73« bezeichnet; + ?
WL 3	B-dh	LKM Babelsberg	1959	253.004	ex V 15 1003	ab16.05.1961; am 31.12.1968 an WT Niedersachswerfen
WL 4	Ch2t	Union	1927	2.798	ex 80 008	ab 09.03.1963; + 1968
WL 5	Ch2t	Hohenzollern	1928	4.574	ex 80 022	ab 09.03.1963; + 1968

sel- und andere Spezialgüterwagen. Für die meterspurigen Schmalspurbahnen der DR baute das Werk zwischen 1962 und 1964 Rollwagen. Zu diesem Zeitpunkt begannen bereits die Vorbereitungen für die Auflösung des Raw Jena, da dessen Anlagen aufgrund der vorhandenen Platzverhältnisse nicht erweitert werden konnten. Am 31. Dezember 1968 schloss die DR das Werk und übergab die meisten Gebäude dem benachbarten VEB Carl Zeiss Jena, der das Areal für den wissenschaftlichen Gerätebau nutzte. Bei der Reichsbahn verblieb lediglich eine der ehemaligen Richthallen. Die hier beschäftigten Eisenbahner unterstanden ab 1. Januar 1969 dem Raw Leipzig-Engelsdorf, das in Jena die Eichfahrzeuge der DR instand hielt. In den 1980er-Jahren wurden hier auch kleine Reparaturen an Kesselwagen ausgeführt. Nach der deutschen Wiedervereinigung waren die Tage der kleinen Außenstelle mit ihren rund 40 Beschäftigten gezählt. Das Raw Leipzig-Engelsdorf schloss die Eichzug-Werkstatt 1991. Heute steht auf einem Teil des Areals des ehemaligen Raw Jena ein Baumarkt.

5.6 Das Raw Malchin

Die Mecklenburgische Eisenbahn-Gesellschaft unterhielt ab 1847 in Schwerin eine Hauptwerkstatt, die für die Unterhaltung der Lokomotiven und Wagen zuständig war. Mit dem weiteren Ausbau des Streckennetzes in der zweiten Hälfte des 19. Jahrhunderts benötigte die Großherzogliche Mecklenburgische Friedrich-Franz-Eisenbahnen (MFFE) eine weitere Werkstatt. Bei der Suche nach einem geeigneten Standort entschied sich die Direktion der MFFE für Malchin, wo 1864 die neue Werkstatt in Betrieb genommen wurde. Kernstück der HW Malchin war die Richthalle, die durch eine Dreherei, eine Schmiede und eine Stellmacherei ergänzt wurde. Die Werkzeugmaschinen wurden mittels einer Dampfmaschine mit 120 PS Leistung über Transmissionsriemen angetrieben. Die HW Malchin setzte aber nicht nur Lokomotiven sowie Personen-, Pack- und Güterwagen instand. Zwischen 1875 und 1912 lieferte das Werk auch 48 Personen- und 512 Güterwagen an die MFFE. Diese ließ in Malchin 1895 ein neues Werkstattgebäude und 1897 eine Lackiererei errichten.

5.6 Das Raw Malchin

1903 zählte das Werk insgesamt 229 Beschäftigte. Nach weiteren Um- und Ausbauten verfügte die HW Malchin 1911 über 15 Lok- und 24 Wagenreparaturstände.
Nach der Übernahme der MFFE durch das Deutsche Reich im Frühjahr 1920 verlor die HW Malchin an Bedeutung. Bereits Anfang der 1920er-Jahre schloss die Reichsbahn die Lokabteilung. Die DRG löste schließlich am 31. Dezember 1925 das RAW Malchin auf und wandelte es in eine Werkabteilung des RAW Rostock um (siehe S. 132 ff.). Fortan wurden in Malchin neben regelspurigen Personen-, Pack- und Güterwagen auch die Schmalspurwagen der Strecke Bad Doberan–Kühlungsborn erhalten. Außerdem baute die WA Malchin nicht mehr benötigte Fahrzeuge zu Bahndienstwagen um. Mit der 1929 einsetzenden Weltwirtschaftskrise konnte die DRG die Werkstatt in Malchin kaum noch auslasten. Allerdings blieb den 145 Beschäftigten die für 1932/33 geplante Schließung erspart. Ab 1935 hatten die Arbeiter und Beamten der WA Malchin wieder alle Hände voll zu tun, auch wenn 1939 die Unterhaltung der Personen- und Packwagen endete. Fortan wurden hier zwei- und vierachsige Plattformwagen (Gattungen R, S, SS und X), zweiachsige offene Güterwagen (Gattung O) sowie Bahndienstfahrzeuge repariert.
Als die Rote Armee am 30. April 1945 in Malchin einmarschierte, war die Werkstatt unzerstört. Doch die Eisenbahner mussten das Werk zunächst als Reparationsleistung demontieren. Anschließend dienten die Gebäude und Hallen als Notaufnahmelager für Flüchtlinge, bevor die Eisenbahner im Herbst 1945 damit begannen, Werkzeugmaschinen zu beschaffen. Beispielsweise bargen sie im zerstörten Raw Jena eine Radsatzdrehbank, die wieder instandgesetzt werden konnte. Ab 1. Januar 1950 besaß die Werkstatt Malchin wieder den Status eines selbstständigen Ausbesserungswerkes, das 1954 mehr als 430 Beschäftigte zählte. Das Raw Malchin war nun für die Erhaltung zweiachsiger Güterwagen der Gattungen O und X mit Holzaufbau sowie der zwei- und dreiachsigen Bahndienstwagen verantwortlich. Daran änderte sich auch in den folgenden Jahren nur wenig.

Das Raw Jena lieferte in den Jahren 1962/63 insgesamt 42 meterspurige Rollwagen für den Güterverkehr auf der Harzquer- und Brockenbahn. 99 7237 und 99 7231 hatten am 14. August 1989 im Bahnhof Nordhausen Nord einen aus Rollwagen gebildeten Nahgüterzug nach Silberhütte übernommen. Foto: Slg. D. Endisch

Die Werklokomotiven des Raw Malchin						
Betriebs-Nr.	Bauart	Hersteller	Baujahr	Fabrik-Nr.	DR-Nr.	Bemerkungen
WL 1	1'Ch2t	Borsig	1921	11.038	ex 74 1268	ab 01.10.1965; + ?

Ab 1. Januar 1971 war Malchin eine Werkabteilung des Raw Eberswalde (siehe S. 98 ff.). Wenig später endete in Malchin die Ausbesserung von Plattformwagen. Stattdessen setzten die Schlosser nun Großcontainer instand. Die Beschäftigten der WA Malchin erbrachten in den 1970er- und 1980er-Jahren beachtliche Leistungen. 1989 wurden insgesamt rund 2.850 offene Güterwagen, 350 Bauzugwagen und 600 Container repariert.
Ein Jahr später sah es in Malchin ganz anders aus: Mit dem Zusammenbruch des Güterverkehrs auf den Strecken der DR im Sommer 1990 schrumpfte auch das Arbeitsaufkommen in der WA Malchin auf ein Minimum. Nach der Gründung der DB AG 1994 spielte die Werkstatt keine Rolle mehr. Das Werk Eberswalde schloss die Außenstelle formal am 31. Dezember 1995. Die letzten 60 Beschäftigten demontierten bis zum Sommer 1996 die Maschinen und Anlagen auf dem rund 60.000 m^2 großen Gelände. Den drei Werkhallen und den beiden Schiebebühnen blieb der Abriss erspart, da sie unter Denkmalschutz standen. Nach Jahren des Verfalls begannen Anfang 2016 Verkaufsverhandlungen zwischen der Stadt Malchin und der DB AG.

5.7 Das Raw Rostock

Die »Eisenbahn- und Dampfschiffahrts-AG Deutsch-Nordischer Lloyd«, kurz »Lloyd-Bahn« genannt, nahm im Sommer 1886 den Personen- und Güterverkehr auf der Strecke Neustrelitz–Rostock–Warnemünde auf. Für die Instandhaltung ihrer Lokomotiven und Wagen ließ die Lloyd-Bahn südöstlich des Bahnhofs Rostock eine Hauptwerkstatt errichten. Nach der Übernahme der Lloyd-Bahn durch das Großherzogtum Mecklenburg-Schwerin im Jahr 1890 unterstand die Werkstatt der MFFE. 1895 waren in der HW Rostock 96 Arbeiter und Beamte beschäftigt. Diese unterhielten neben 20 Lokomotiven auch 670 Wagen und drei Dampfschiffe, die auf der Relation Warnemünde–Gedser eingesetzt wurden. Drei Jahre später errichtete die MFFE in Rostock eine neue Werkhalle. Ab 1903 war die HW Rostock mit ihren 246 Beschäftigten auch für die Instandhaltung der Anlagen des Fährbahnhofs Warnemünde verantwortlich. Dazu gehörten auch die stationären Anlagen, wie z.B. die Portalhubbrücken und deren Maschinenanlagen. Angesichts des stetig steigenden Arbeitsaufkommens erweiterte die MFFE die HW Rostock immer wieder. 1907 entstand eine neue Lokrichthalle, der zwei Jahre später eine neue Wagenwerkstatt folgte. 1911 waren in der Hauptwerkstatt 415 Eisenbahner beschäftigt, denen zwölf Stände für die Lok- und 20 Stände für die Wagenreparatur zur Verfügung standen. Bis 1916 stieg der Erhaltungsbestand des Werkes auf rund 360 Loks an.
Zu diesem Zeitpunkt plante die MFFE einen großzügigen Umbau der HW Rostock. Das Vorhaben konnte aber erst ab 1921 schrittweise umgesetzt werden. 1925 nahm die DRG die neue Richthalle in Betrieb. Im RAW Rostock wurden nun in erster Linie Dampfloks der Baureihen 17.10–12, 38.10–40, 55.16–22, 57.10–35 und 91.19 repariert. Obgleich das RAW Rostock zu den modernsten Ausbesserungswerken der DRG gehörte und in den Jahren 1929/30 großzügig erweitert wurde, verlor die Dienststelle während der Weltwirtschaftskrise erheblich an Bedeutung. Im Sommer 1932 zählte das RAW Rostock nur noch 280 Beschäftigte. Erst ab Mitte der 1930er-Jahre nahm die Zahl der Reparaturen wieder zu.
Trotz der zahlreichen Luftangriffe auf Rostock blieben die Gebäude und Anlagen des Ausbesserungswerks weitgehend unzerstört. Doch nach dem Einmarsch der Roten Armee im Frühjahr 1945 wendete sich das Blatt.

Die Baureihe 91.19 (ex mecklenburgische T 4) gehörte bis Ende 1945 zum Erhaltungsbestand des RAW Rostock. Ab 1. Dezember 1945 war zwar das RAW Chemnitz für die Baureihe 91.19 zuständig, doch das Werk in Rostock reparierte noch bis zu seiner Schließung 1951 einzelne T 4. Die Maschine 91 1934 war letztmalig im September 1951 zu einer Bedarfsausbesserung im RAW Rostock. Foto: Slg. D. Endisch

Die Werklokomotiven des Raw Rostock

Betriebs-Nr.	Bauart	Hersteller	Baujahr	Fabrik-Nr.	DR-Nr.	Bemerkungen
WL 1	Bn2t	Henschel	1892	3.492	ex 88 7002	an Lübeck-Büchener Eisenbahn geliefert; ab 06.01.1939; 1950 an DR (ab 03.06.1952: 98 7087)
WL 2	B-dm	Breuer	1929	?	ex Kb 4039	ab 14.09.1934; + ?

Die SMAD ließ im Sommer 1945 nahezu alle Maschinen und Anlagen des Raw Rostock als Reparationsleistung demontieren. Mit der verbliebenen Technik konnten dann nur noch wenige Lokomotiven repariert werden. Da der DR nicht genügend Mittel zur Verfügung standen, um den Maschinenpark des Raw Rostock zu komplettieren, wurde das Werk schließlich am 31. Juni 1951 geschlossen. Anschließend übergab die DR das Gelände dem VVB Schiffbau, der hier ein Dieselmotoren-Werk aufbaute.

6. Werkteile und Werkabteilungen

6.1 Der Werkteil Niedersachswerfen

Der Werkteil Niedersachswerfen des Reichsbahnausbesserungswerkes (Raw) Leipzig-Engelsdorf kann auf eine bewegte Geschichte zurückblicken. Die Entstehung des Werkteils ist eng mit der Geschichte des Kohnsteins, eines Höhenzuges in der Nähe von Nordhausen, verbunden. Die Badische Anilin- & Soda-Fabrik (BASF) baute im Kohnstein seit 1917 Gips für ihr Ammoniakwerk in Merseburg ab. Anfang der 1930er-Jahre rentierte sich jedoch das Gipswerk in Niedersachswerfen nicht mehr. Um die Förderung aufrechterhalten zu können, schlug das Ammoniakwerk dem Reichswirtschaftsministerium am 23. September 1935 den Bau eines Tanklagers im Kohnstein vor.

Diese Idee stieß bei den zuständigen Stellen auf offene Ohren. Bereits am 24. August 1934 hatte die »Deutschen Gesellschaft für öffentliche Arbeiten« (Öffa), die dem Reichwirtschaftsministerium gehörte, und die 1925 geschaffene Interessengemeinschaft (IG) Farben die »Wirtschaftliche Forschungsgesellschaft mbH« (Wifo) gegründet. Die Wifo hatte die Aufgabe, Großtanklager in Deutschland zu bauen und zu betreiben. Zunächst sollten zehn geschützte unterirdische Anlagen mit einem Fassungsvermögen von jeweils 100.000 bis 200.000 m^3 errichtet werden. Die eingelagerten Kraftstoffe waren in erster Linie für das Heer und die Luftwaffe bestimmt. Bereits am 17. Juni 1936 verhandelten Vertreter der Wifo und der IG Farben, als Eigentümer des Ammoniakwerks Merseburg, über das Vorhaben im Kohnstein. Das Projekt sah zunächst 16 Kammern sowie zwei Fahrstollen vor. Jede Kammer sollte 166 m lang, 9 m breit und 6 m hoch sein. Der ursprünglich geplante Einbau von Großtanks wurde jedoch später verworfen. Stattdessen wurde der Treibstoff in 200 l großen Fässern eingelagert.

Nur wenige Wochen später, am 16. Juli 1936, begannen rund 250 Beschäftigte mit den Bauarbeiten für das Tanklager, das den Tarnnamen »Sachsenberg« erhielt.

42 1791 schleppte am 20. Mai 1964 einen Kesselwagenzug durch den Bahnhof Berlin Frankfurter Allee. Das Raw Niedersachswerfen reparierte zunächst zwei- und dreiachsige Kessel- und Kohlenstaubwagen. Ab 1976/77 wurden hier auch vierachsige Fahrzeuge instandgesetzt. Foto: Slg. D. Endisch

Der offizielle Bauvertrag wurde aber erst im Sommer 1937 unterschrieben. Das Ammoniakwerk Merseburg fungierte dabei als Generalunternehmer. Alle anfallenden Kosten trug die Wifo. Der beim Stollenvortrieb abgebaute Gips wurde im Ammoniakwerk in Merseburg verarbeitet.

Bis zum September 1937 konnten zwei Fahrstollen und zwölf Querstollen fertiggestellt werden. Neben dem eigentlichen Tanklager entstanden u.a. eine Anschlussbahn und der Übergabebahnhof in Woffleben. 1938 begann die Wifo schließlich damit, im Kohnstein Treib- und Schmierstoffe einzulagern. Für die Transporte griff die Wifo zunächst auf Kesselwagen der Eisenbahn-Verkehrsmittel AG (EVA) zurück. Ab 1937 beschaffte die Wifo eigene Fahrzeuge. 1942 zählte das Unternehmen über 38.000 Kesselwagen.

Anfang 1938 schlug das Ammoniakwerk Merseburg vor, das Tanklager im Kohnstein durch 30 weitere Kammern zu vergrößern. Die Wifo stimmte dem Vorhaben am 2. April 1938 zu. Die Fertigstellung war für 1941 geplant. Doch dieser Termin konnte nicht eingehalten werden. Mit Beginn des Zweiten Weltkrieges fehlten ab Ende 1939 Baumaterial und Arbeitskräfte. Im Herbst 1939 konnten 45 Kammern genutzt werden. Die Anlage besaß ein Fassungsvermögen von rund 24.000 m^3, von denen allerdings nur etwa 11.000 m^3 genutzt wurden. Neben Treib- und Schmierstoffen lagerten im Kohnstein auch Chemikalien und so genannte Antiklopfmittel für

Treibstoffe. Trotz der geringen Auslastung des Lagers plante die Wifo abermals eine Erweiterung. Dazu sollten 16 weitere Kammern und ein dritter Stollen angelegt werden, doch dazu kam es nicht mehr, da das Tanklager 1943 requiriert wurde.

Nach den schweren Angriffen der britischen und amerikanischen Luftwaffe auf die deutsche Rüstungsindustrie wurde 1943 beschlossen, die Fertigung untertage zu verlagern. Bereits am 26. August 1943 fiel der Beschluss, für die Raketenproduktion das Tanklager im Kohnstein zu nutzen und hier das spätere Konzentrationslager (KZ) Mittelbau-Dora zu errichten. Die ersten 107 KZ-Häftlinge trafen bereits am Nachmittag des 28. August 1943 ein. Zunächst setzte die eigens für die Raketenfertigung am 24. September 1943 gegründete Mittelwerk GmbH die KZ-Häftlinge für den Ausbau der Stollenanlagen ein. Bis Ende 1943 waren die Tankanlagen der Wifo demontiert. Die Anschlussbahn, die nun von der Mittelwerk GmbH genutzt wurde verblieb aber im Eigentum der Wifo. Schließlich konnte im Januar 1944 die Produktion aufgenommen werden.

Das KZ Mittelbau-Dora gilt heute als ein typisches Beispiel für die Zwangsarbeit von KZ-Häftlingen und die Produktion von Rüstungsgütern unter Tage. In den Jahren von 1943 bis 1945 mussten über 60.000 Menschen aus vielen europäischen Staaten im KZ Mittelbau-Dora arbeiten, von denen nur rund 40.000 überlebten.

Nach der Befreiung des KZ Mittelbau-Dora am 11. April 1945 besetzten zunächst Truppen der US-Armee die Anlagen im Kohnstein. Amerikanische und britische Spezialeinheiten transportierten in der Folgezeit zahlreiche Maschinen ab, bevor am 1. Juli 1945 die Rote Armee in Nordthüringen einmarschierte. Die Sowjetische Militäradministration in Deutschland (SMAD) ließ ab Herbst 1945 die noch vorhandenen unterirdischen Fertigungsanlagen systematisch demontieren. Nach Abschluss der Arbeiten sollte der Kohnstein im Sommer 1948 gesprengt werden. Doch die Stollen waren deutlich massiver als erwartet, so dass die Militärs nur die Zugänge zur Anlage zerstörten.

Nach dem Abzug der Roten Armee existierten am Fuße des Kohnsteins nur noch die rund 8 km lange Anschlussbahn der Wifo und eine zerstörte Lagerhalle. Die Anlagen und Fahrzeuge der Wifo standen zunächst unter Zwangsverwaltung (Sequester) der SMAD, bevor diese mit ihrem Befehl Nr. 17 am 27. Juli 1945 zwölf Zentralverwaltungen für die Wirtschaft in der sowjetischen Besatzungszone (SBZ) schuf. Da die Wifo als eigenständiges Unternehmen in den drei westlichen Besatzungszonen weiterhin bestand (bis 1951), wurden deren Kesselwagen zunächst an verschiedenen Orten gesammelt. Dazu gehörte u.a. die Anschlussbahn in Niedersachswerfen. Angesichts des großen Mangels an Güterwagen beantragte die Deutsche Reichsbahn (DR) eine treuhänderische Nutzung der Fahrzeuge und Anlagen der Wifo. Nachdem die entsprechenden Genehmigungen vorlagen, begann die DR 1948 in Niedersachswerfen mit 36 Beschäftigten, Kesselwagen aufzuarbeiten. Bis zum Jahresende stieg die Zahl der Belegschaft der so genannten Reparaturstelle auf 111 an. Die treuhänderische Verwaltung durch die DR endete 1950 mit der Gründung der so genannten Kesselwagenleitstelle, die ihren Sitz in Berlin-Wilmersdorf hatte. Die Werkstatt firmierte nun als »Dienststelle Niedersachswerfen der Kesselwagenleitstelle« und zählte mehr als 280 Mitarbeiter, die rund 1.000 Wagen im Jahr aufarbeiteten.

Die Kesselwagen nahmen zu diesem Zeitpunkt eine Sonderrolle im Fahrzeugpark der DR ein. Die Spezialfahrzeuge waren meist nur bei der DR eingestellt. Die Eigentümer entschieden hingegen über den Einsatz und die Nutzung der Wagen. Dies führte in der Nachkriegszeit häufig zu Transportproblemen, die durch eine stärkere Zentralisierung gelöst werden sollten. Aus diesem Grund verabschiedete die DDR-Regierung am 14. August 1950 die »Verordnung über den Kesselwagenverkehr«, mit der die Fahrzeugeigentümer de facto enteignet sowie alle Kessel- und Topfwagen der DR übereignet wurden.

Das nun in der Folgezeit übernommene Fahrzeug-

Sammelsurium verursachte zahllose Probleme in der Unterhaltung. Aufgrund der zahlreichen Bauarten und Gattungen war die Instandhaltung der Spezialfahrzeuge äußerst aufwändig. Aus diesem Grund musste die DR umgehend ihre Werkstattkapazitäten für Kesselwagen deutlich ausbauen. Neben den Reichsbahnausbesserungswerken (Raw) Jena (siehe S. 128) und Zwickau (siehe S. 112) gewann vor allem das Reparaturwerk in Niedersachswerfen an Bedeutung. Ab 22. Juli 1953 besaß die Dienststelle den Status eines eigenständigen Raw.

Die vorgesetzte Hauptverwaltung der Reichsbahnausbesserungswerke (HvRaw) investierte beträchtliche Mittel in den Ausbau der Anlagen. Neben einer Bremswerkstatt und einer Reinigungshalle entstanden u.a. ein Kesselhaus, eine Trafostation, eine Kantine sowie Verwaltungs- und Sozialräume. Das Raw Niedersachswerfen war zunächst ausschließlich für die Unterhaltung von zwei- und dreiachsigen Kesselwagen verantwortlich. Neben der Wagenreparatur war das Werk auch in die so genannte Konsumgüterproduktion eingebunden. Bis 1959 stellten die Beschäftigten aus brennbaren Ladegutrückständen, die beim Reinigen der Wagen anfielen, Kohleanzünder her. Mit dem kontinuierlichen Ausbau der Werkanlagen stieg die jährlich Ausbesserungskapazität auf rund 4.500 Fahrzeuge an.

Mitte der 1960er-Jahre begann die HvRaw damit, die Unterhaltung der Kessel- und Topfwagen neu zu strukturieren. Nach der Aufgabe der Kesselwagenwerkstatt in Zwickau im Jahr 1966 und der Schließung des Raw Jena am 31. Dezember 1968 wurde Leipzig-Engelsdorf neues Erhaltungswerk für die Spezialwagen. Aus diesem Grund wandelte die HvRaw schließlich Niedersachswerfen am 1. Januar 1971 in einen Werkteil des Raw Leipzig-Engelsdorf um. Damit einher ging auch eine Änderung des Produktionsprofils. 1974 fiel die Entscheidung, im Werkteil Niedersachswerfen vierachsige Kesselwagen instand zu halten. Die zwei- und dreiachsigen Fahrzeugen sollten hingegen im Werkteil Quedlinburg (siehe S. 141) konzentriert werden. Doch bevor der erste vierachsige Wagen repariert werden konnte, musste 1976 eine neue Richthalle gebaut werden. Bereits ein Jahr später arbeitete der Werkteil Niedersachswerfen 300 vierachsige Kesselwagen in den Schadgruppen G 0 (Bedarfsausbesserung) und G 2 (Jahresuntersuchung) auf. Außerdem begann 1977 im Werkteil Niedersachswerfen der Neubau von Kesselwagen. In der Folgezeit entstanden hier jährlich bis zu 200 zweiachsige Spezialbehälterwagen. Auch in den 1980er-Jahren investierte die DR in den Ausbau und die Modernisierung der Anlagen in Niedersachswerfen, so dass sich der Werkteil im Sommer 1990 als ein kleines aber leistungsfähiges

Die Werklokomotiven des Werkteils Niedersachswerfen

Betriebs-Nr.	Bauart	Hersteller	Baujahr	Fabrik-Nr.	DR-Nr.	Bemerkungen
WL 1	Cn2t	Henschel	1914	13.024	ex 89 6023	Typ »Bismarck«; an Crostitzer Kleinbahn AG geliefert; ab 29.07.1954; 1963 an VEB Gipswerk Niedersachswerfen
WL 1^{II}	Ch2t	Hohenzollern	1928	4.573	ex 80 021	ab 27.10.1963; + 1969
WL 1^{III}	B-dh	LKM Babelsberg	1959	253.004	ex V 15 1003	Typ V 15 B; ab 01.01.1969; 1988 an Werkteil Quedlinburg
WL 1^{IV}	B-dh	LKM Babelsberg	1968	262.168	ex 102 079-1	Typ V 22 B; ab 1989; + ?

Ausbesserungswerk präsentierte. Mit dem Zusammenbruch der Chemieindustrie in Mitteldeutschland ab 1990 ging auch die Auslastung des Werkes deutlich zurück. Im Herbst 1992 schien das Schicksal des Werkteils besiegelt zu sein – die »Langfristige Werkeordnung« (LWO) sah die Stilllegung der Anlagen bis Ende 1996 vor. Auf der Basis dieser Planungen wurde in der Folgezeit die Anzahl der Mitarbeiter deutlich verringert. Nach der Gründung der Deutschen Bahn AG (DB AG) am 1. Januar 1994 gehörte der Werkteil zum neuen Werk Erfurt. Zwei Jahre später waren nur noch 60 Mitarbeiter in Niedersachswerfen beschäftigt. Doch im Gegensatz zu zahlreichen anderen Werkstätten blieb Niedersachswerfen dank einer erfolgreichen Privatisierung im Jahr 1996 erhalten. Das Unternehmen, das nun als »Fahrzeugwerke Niedersachswerfen GmbH« (FWN) firmierte, spezialisierte sich auf die Instandsetzung von Kessel- und Güterwagen. Im Jahr 2006 übernahm die Villmann-Gruppe die FWN, die bis heute in Niedersachswerfen Eisenbahnfahrzeuge aufarbeitet.

6.2 Der Werkteil Quedlinburg

Die Anfänge des Werkteils Quedlinburg des Raw Leipzig-Engelsdorf reichen zurück bis in das Jahr 1871. Der Kaufmann Rudolf Leder übernahm die Firma R. Weinlich, die neben Maschinen für die Landwirtschaft, Steinbrechern sowie Ausrüstungen für Walzwerke und Brikettfabriken auch Güterwagen produzierte. 1921 verkaufte das Unternehmen die Waggonbau-Abteilung an das »Bahnwerk Krauss & Co.«. Da die alten Werkanlagen zu klein waren und nicht erweitert werden konnten, erwarb die Firma 1923 westlich des Bahnhofs Quedlinburg West ein Grundstück. Nur wenige Monate später konnten das neue Verwaltungsgebäude und die Wagenhalle in Betrieb genommen werden. Das Unternehmen spezialisierte sich zunächst auf die Instandsetzung von Kessel- und Spezialgüterwagen. 1927 erwarb der Kaufmann Ernst Meyer das Werk, das fortan als »Waggonfabrik Ernst Meyer & Co.« firmierte. Der neue Inhaber schränkte die Reparatur von Fahrzeugen zu Gunsten des Neubaus deutlich ein. Zu den ersten eigenen Konstruktionen der Waggonfabrik Quedlinburg zählte ein zweiachsiger Tragwagen mit vier abnehmbaren Kesseln für den Transport von Kokosfett. Das Fahrzeug war ein voller Erfolg, so dass sich das Unternehmen binnen kürzester Zeit einen Namen als Hersteller von Spezialgüterwagen machte. Allerdings waren die Stückzahlen vergleichsweise gering, so dass das Unternehmen trotz voller Auftragsbücher Ende der 1920er-Jahre in finanzielle Schwierigkeiten geriet und schließlich 1929 von der EVA übernommen wurde. Die Waggonfabrik Ernst Meyer & Co. behielt jedoch ihre juristische Eigenständigkeit und ihren Namen.

Das Unternehmen produzierte weiterhin Kesselwagen aller Art. Außerdem wurden nun auch andere Güterwagen für spezielle Transportaufgaben hergestellt. Dazu gehörten u.a. Geflügel- und Pferdetransportwagen sowie Schüttgutwagen. Aber auch offene und gedeckte Güterwagen sowie einige Schmalspurpersonenwagen wurden in Quedlinburg gebaut. Darüber hinaus ließ die EVA in der Waggonfabrik die bei ihr eingestellten Fahrzeuge reparieren. Allerdings konnten in Quedlinburg aufgrund der vorhandenen Schiebebühne nur zwei- und dreiachsige Wagen mit einem Achsstand von maximal 6 m bzw. einer Länge über Puffer von 11,9 m gebaut und instand gesetzt werden. Rund 185 Arbeiter und Angestellte waren in den 1930er-Jahren in der Waggonfabrik beschäftigt.

Mit Beginn des Zweiten Weltkrieges musste die Produktion aufgrund fehlender Arbeitskräfte eingeschränkt werden. Da das Unternehmen aber die für den Transport von Treibstoffen und Chemikalien dringend benötigten Fahrzeuge baute bzw. aufarbeitete, wurde die Waggonfabrik als kriegswichtiger Betrieb eingestuft. Um die Fertigung aufrechterhalten zu können, wurden neben zwangsverpflichteten Arbeitskräften auch französische Kriegsgefangene eingesetzt.

Nach der Besetzung Quedlinburgs durch die Rote Armee am 1. Juli 1945 wollte die SMAD die »Waggonfabrik

Im Sommer 1994 hatte der ehemalige Werkteil Quedlinburg des Raw Leipzig-Engelsdorf seine Tore längst geschlossen. Zehn Jahre später wurden die Anlagen abgerissen. *Foto: D. Endisch*

Ernst Meyer & Co.« enteignen und in Volkseigentum umwandeln. Dies scheiterte aber, da das Unternehmen der EVA gehörte und deren Aktien mehrheitlich von belgischen Eigentümern gehalten wurden. Nach den Beschlüssen der Siegermächte galt Belgien als alliierte Macht, deren Vermögenswerte in Deutschland nicht beschlagnahmt werden durften. Gleichwohl setzte die SMAD für das Unternehmen einen Treuhänder ein, so dass die Firma ab 1946 als »Waggonfabrik Quedlinburg« bezeichnet wurde. Nach der Gründung der DDR am 7. Oktober 1949 musste eine neue juristische Lösung für den Betrieb gefunden werden. In Absprache mit der EVA übernahm schließlich die DR die Funktion des Treuhänders, der die Waggonfabrik am 1. Mai 1950 der Kesselwagenleitstelle unterstellte. Diese beauftragte das Unternehmen mit der Unterhaltung eines festen Fahrzeugparks. Dazu gehörten neben zweiachsigen Kessel- und Topfwagen auch dreiachsige Kohlenstaubwagen (Gattung Zko). Außerdem wurde der Neubau von zweiachsigen Kesselwagen wieder aufgenommen. Neben herkömmlichen Fahrzeugen für den Transport von Treibstoffen, Ölen, Fetten und Chemikalien sowie den Säuretopfwagen entwickelte und produzierte die Waggonfabrik Quedlinburg u.a. auch neue Wagen für Schwefel- und Salzsäure, Flaschenwagen für Gase und holzverkleidete Weinkesselwagen, die auch in die

In den 1970er-Jahren entstand diese Aufnahme von der Richthalle und der Schiebebühne des Werkteils Quedlinburg. Aufgrund der kurzen Schiebebühne konnten in Quedlinburg nur zwei- und dreiachsige Wagen repariert werden. *Foto: Slg. D. Endisch*

Bundesrepublik geliefert wurden. Ende der 1950er-Jahre waren rund 200 Arbeiter und Angestellte in der Waggonfabrik beschäftigt. Diese mussten allerdings unter teilweise recht einfachen Bedingungen ihre Aufgaben erfüllen, da weder die EVA als Eigentümer noch die DR als Treuhänder große finanzielle Mittel in die Werkanlagen investierten. Zu den wenigen Neubauten gehörte das Sozialgebäude, das im Oktober 1955 seiner Bestimmung übergeben wurde.

Ab Mitte der 1960er-Jahre verlor der Bau von zweiachsigen Kesselwagen zusehends an Bedeutung. Für den Transport von Treibstoffen und Ölen beschaffte die DR bevorzugt vierachsige Fahrzeuge. Diese konnten aber in Quedlinburg aufgrund der vorhandenen Schiebebühne nicht gebaut werden. Daher gewann hier die Instandhaltung zusehends an Bedeutung. Die DR strebte nun eine Übernahme der Waggonfabrik an. Diese Möglichkeit bot sich aber erst mit der 1970 zwischen der DDR und der Bundesrepublik eingeleiteten Entspannungspolitik. Im Zusammenhang mit den Verhandlungen zum vierseitigen Abkommen über Westberlin, das am 3. September 1971 unterzeichnet wurde, verständigten sich die EVA und die DR über das weitere Schicksal der Waggonfabrik Quedlinburg. Deren Anlagen und Maschinen gehörten ab 1. Januar 1971 der DR, die den Betrieb in einen Werkteil des Raw Leipzig-Engelsdorf umwandelte.

Für den Transport von Radsätzen setzte der Werkteil Quedlinburg diesen Wagen ein. Das Fahrzeug entstand auf dem Fahrgestell eines Säuretopfwagens und konnte elf Radsätze aufnehmen. *Foto: D. Endisch*

Die Reichsbahn übernahm alle 230 Beschäftigten unter Anrechung ihrer Betriebszugehörigkeit. Der Grund und Boden verblieb hingegen bei der EVA.

Das Raw Leipzig-Engelsdorf konzentrierte hier in der Folgezeit die Unterhaltung der zwei- und dreiachsigen Kesselwagen. Ab 1977 war der Werkteil Quedlinburg für rund 5.500 Fahrzeuge verantwortlich. Diese machte natürlich Investitionen notwendig. Ab 1972 erledigte eine Kleinlok (siehe Tabelle S. 142) den Rangierdienst. Bisher wurden die Wagen im Werk mit Spillanlagen bewegt. Außerdem entstanden in den 1970er-Jahren eine Wagen- und Radsatzwerkstatt, ein neues Zuführgleis und eine Reinigungsanlage.

Mit der Umwandlung der Waggonfabrik in ein Ausbesserungswerk musste auch die Technologie grundlegend geändert werden. In Quedlinburg wurden die zwei- und dreiachsigen Kessel-, Topf-, Kohlenstaub- und Behälterwagen in den Schadgruppen G 0 (Bedarfsausbesserung), G 2 (Jahresuntersuchung), G 3 (Jahresuntersuchung mit Anstrich), G 4 (Hauptuntersuchung) und G 5 (Generalreparatur) aufgearbeitet. In den 1980er-Jahren gehörten auch zweiachsige offene Güterwagen (Gattung Es) und Behälterwagen (Gattungen Uce und Ucv) zum Erhaltungsbestand des Werkes. In Quedlinburg wurden die Behälter gereinigt und geprüft sowie die Rahmen, Laufwerke, Federn, Radsätze und Stoßein-

Die Werklokomotiven des Werkteils Quedlinburg						
Betriebs-Nr.	Bauart	Hersteller	Baujahr	Fabrik-Nr.	DR-Nr.	Bemerkungen
WL 1	B-dm	BMAG	1942	11.691	ex 100 920-8	geliefert an Deutsche Wehrmacht; ab 15.08.1948 DR; ab Juni 1972; ++ 1988
WL 1[II]	B-dh	LKM Babelsberg	1959	253.004	ex V 15 1003	Typ V 15 B; ab 1988; + ?

richtungen untersucht und bei Bedarf instand gesetzt oder getauscht. Die Aufarbeitung der Fahrgestelle bei einer G 5 übernahm das Stammwerk. Die Zughaken, Kupplungen und Zugstangen reparierte das Raw Magdeburg-Salbke, während die Bremsarmaturen im Raw Berlin Warschauer Straße untersucht wurden. Neue Kessel bzw. Behälter bezog der Werkteil Quedlinburg meist vom VEB Apparate- und Behälterbau Magdeburg oder dem VEB Chemieanlagenbau Reinsdorf. Ab 1980 verließen wieder neue Fahrzeuge das Werk. Der Neubau bestand aber im Wesentlichen aus der Montage vorgefertigter Fahrgestelle und Kessel.

Ende der 1980er-Jahre plante das Raw Leipzig-Engelsdorf eine Neuordnung der Zuständigkeiten zwischen dem Stammwerk sowie den Werkteilen Niedersachswerfen und Quedlinburg. Um Kapazitäten für den Neubau in Leipzig-Engelsdorf zu gewinnen, sollte die Instandhaltung komplett an die beiden Werkteile übertragen werden. Um auch vierachsige Fahrzeuge in Quedlinburg reparieren zu können, sollten die Anlagen umgebaut werden. Dazu gehörte auch der Einbau einer neuen, größeren Schiebebühne, die Ende 1989 angeliefert wurde.

Aufgrund der tief greifenden wirtschaftlichen und politischen Umbrüche waren die Planungen des Raw Leipzig-Engelsdorf bereits 1990 hinfällig. Nun ging es nicht mehr darum, zusätzliche Kapazitäten aufzubauen. Mit dem Zusammenbruch der chemischen Industrie waren die einst dringend benötigten Kesselwagen überflüssig. Bereits im Sommer 1990 begann die DR damit, im Werkteil Quedlinburg die Zahl der Mitarbeiter zu verringern. Anfang 1991 waren hier nur noch rund 190 Männer und Frauen beschäftigt. Die LWO sah die Schließung der Werkstatt bis zum 31. Dezember 1993 vor. Dies war aber nicht nur der veralteten Infrastruktur geschuldet. Als besonders problematisch erwiesen sich die komplizierten Eigentumsverhältnisse für das Grundstück, die auch eine geplante Privatisierung der ehemaligen Waggonfabrik scheitern ließen. Wie geplant schlossen sich am 31. Dezember 1993 die Tore des Werkteils Quedlinburg, der zuletzt noch 103 Beschäftigte zählte. Nach der Räumung der Gebäude im April 1994 war das Gelände dem Verfall preisgegeben. Erst zehn Jahre später wurden die Hochbauten abgerissen.

6.3 Die Werkabteilung Friedland

Die Werkabteilung Friedland ging aus der ehemaligen Hauptwerkstatt der Mecklenburg-Pommerschen Schmalspurbahn AG (MPSB) hervor. Das am 20. Mai 1892 gegründete Unternehmen betrieb Ende der 1920er-Jahre ein über 200 km langes Schmalspurnetz (600 mm Spurweite), das sich zwischen Friedland, Jarmen, Anklam, Ducherow, Ferdinandshof, Groß Daberkow und Eichhorst erstreckte. Für dieses Streckennetz hielt die MPSB im Jahr 1911 insgesamt 21 Lokomotiven, 18 Personen- und 10 Packwagen sowie über 600 Güterwagen vor. Bereits ab 1893 unterhielt die MPSP in Friedland, dem betrieblichen Mittelpunkt des Unternehmens eine einfache Wagenwerkstatt. Ein Jahr später wurde die Lokwerkstatt eröffnet, zu der eine Schmiede, eine Stellmacherei, eine Tischlerei und eine Malerei gehörten. Im Laufe der Jahre baute die MPSB diese Werkstatt aus und modernisierte sie, so dass hier alle anfallenden Arbeiten an den Fahr-

Die DR ließ ab 1967 auch die Schmalspurgüterwagen der Rbd Dresden in der WA Friedland aufarbeiten. Nach dem Ende der Wagenausbesserung in Friedland im Frühjahr 1972 übernahm die WA Perleberg diese Aufgabe. 99 1606 stand im November 1992 mit einem Dienstgüterzug in Kemmlitz. Foto: D. Endisch

zeugen erledigt werden konnten. Dank der sehr guten maschinellen Ausstattung war es sogar möglich, in der Hauptwerkstatt Güterwagen um- und neuzubauen. In Anklam unterhielt die MPSB eine so genannte Nebenwerkstatt, die aber nur kleinere Reparaturen an den Loks und Wagen ausführte.

Am 12. Juni 1945 beschlagnahmte die SMAD das Vermögen der MPSB und ließ die meisten Strecken als Reparationsleistung abbauen. Auch die Ausrüstungen der Werkstätten in Friedland und Anklam wurden demontiert und in die Sowjetunion verbracht. Lediglich die rund 36 km lange Verbindung Friedland–Wegezin-Dennin–Anklam blieb erhalten. Später gelang es noch, den etwa 27 km langen Abschnitt Friedland–Uhlenhorst–Ferdinandshof wieder aufzubauen, der am 7. November 1947 für den Personen- und Güterverkehr freigegeben wurde. Parallel richteten die Beschäftigten der MPSB auch die Werkstatt in Friedland wieder arbeitsfähig her.

Nach der Übernahme der MPSB durch die DR am 1. April 1949 wandelte die zuständige Reichsbahndirektion (Rbd) Greifswald die Werkstatt mit Wirkung zum 1. Januar 1950 in eine Außenstelle des Bahnbetriebswagenwerks (Bww) Neustrelitz um. Da in Friedland aber nur Fahrzeuge mit einer Spurweite von 600 mm ausgebessert werden konnten, verfügte die Generaldirektion (GD) der DR für den 1. Juli 1951 die Umwandlung der Werkstatt in Friedland in eine Werkabteilung (WA) des Raw Malchin. Bereits einige Monate zuvor, am 1. Januar 1950, hatte die DR die WA Friedland mit der Unterhaltung aller Schmalspurwagen der Strecken Klockow–Pasewalk Ost, Nauen–Senzke–Kriele, Dahme–Hohenseefeld–Jüterbog/Luckenwalde Süd, Altefähr–Putbus–Göhren und Bergen–Wittower Fähre–Altenkirchen beauftragt. Um die Fahrzeuge dieser 750 mm-Schmalspurbahnen bewegen zu können, wurden die meisten Gleise in der Werkstatt mit einer dritten Schiene ausgerüstet. Allerdings verlagerte die DR ab 1953 die Unterhaltung der Reisezug- und Gepäckwagen schrittweise nach Perleberg (siehe S. 148). Dafür übernahm die WA Friedland die Güterwagen-Ausbesserung. Ab 1. Januar 1967 zählten auch die Güterwagen der sächsischen Schmalspurbahnen zu den Aufgaben der Friedländer Eisenbahner.

Doch mit der fortschreitenden Stilllegung der Schmalspurbahnen in der DDR verlor die kleine Dienststelle ab 1968 zusehends an Bedeutung. Nach der Einstellung des Reiseverkehrs auf der Strecke Friedland–Anklam am 31. Mai 1969 waren die Tage der Wagenausbesserung in der Werkabteilung gezählt. Wenig später begann das Raw Malchin damit, Rollbehälter und Kleincontainer in Friedland aufarbeiten zu lassen. Am 27. Mai 1972 verließ schließlich der Sprengwagen 97-09-74 (Heimatbahnhof Oschatz) als letztes Schmalspurfahrzeug die Werkstatt.

Fortan bestimmte die Reparatur von so genannten Box-Paletten und Rollbehältern das Produktionsprofil der WA Friedland, die seit dem 1. Januar 1971 dem Raw Eberswalde unterstand. Etwa 20 Mitarbeiter zählte die kleine Außenstelle, die in den 1980er-Jahren durchschnittlich 8.250 Rollbehälter pro Jahr aufarbeiteten.

Erst mit der deutschen Wiedervereinigung hatte die WA Friedland als kleinste Dienststelle des Werkstättenwesens ausgedient. Bereits 1990 endete die Reparatur der Rollbehälter. Am 31. Dezember 1993 schloss das Raw Eberswalde formal die Außenstelle und räumte die Gebäude, die zwar seit 1994 unter Denkmalschutz stehen, aber seither dem Verfall preisgegeben sind.

6.4 Die Werkabteilung Gehren

Die WA Gehren ging aus der ehemaligen Hauptwerkstatt der Süddeutschen Eisenbahn-Gesellschaft (SEG) hervor. Diese betrieb seit 1895 in Thüringen die rund 21 km lange Ilmenau-Großbreitenbacher Eisenbahn (IGE) und die nur 5,1 km lange Arnstadt-Ichtershausener Eisenbahn (AIE). Für die Instandhaltung der Lokomotiven und Wagen beider Eisenbahnen unterhielt die SEG im Bahnhof Gehren der IGE ein kleines Ausbesserungswerk, das jedoch bei einem Brand im September 1918 zerstört wurde. Erst im Frühjahr 1924 hatte die IGE ihre Planungen für eine neue Hauptwerkstatt abgeschlossen. Kernstück der Anlage war die 56 m lange und 18 m breite, zweigleisige Werkstatt, zu der neben einer Schlosserei und einer Schmiede auch eine Tischlerei sowie Wasch- und Aufenthaltsräume für das Personal gehörten. Nachdem der Landkreis Arnstadt im Juli 1924 den Neubau genehmigt hatte, begannen die Bauarbeiten. Bereits am 21. April 1925 weihte die SEG das so genannte Ausbesserungswerk Gehren ein. Der Werkstattkomplex wurde 1928 durch einen eingleisigen Lackierschuppen ergänzt. Rund 30 Arbeiter und Angestellte beschäftigte die SEG in Gehren.

Nach dem Zweiten Weltkrieg wurde die Hauptwerkstatt zunächst von der Regierung des Landes Thüringen beschlagnahmt. Ab 1. Februar 1948 unterstand die Werkstatt der Vereinigung Volkseigener Betriebe (VVB) Thüringer Landesbahnen, die auch Fahrzeuge anderer ehemaliger Klein- und Privatbahnen in Gehren reparieren ließ.

Nach der Übernahme der IGE durch die DR am 1. April 1949 zählte die Werkstatt zur Rbd Erfurt. Diese bildete aus der Hauptwerkstatt eine Werkabteilung, die formal dem Bw Arnstadt unterstand, aber weitgehend autonom arbeitete. Die rund 40 Mitarbeiter der WA Gehren zerlegten in erster Linie ausgemusterte Per-

In der SEG-Werkstatt in Gehren stand Mitte der 1930er-Jahre die Lok 388. Die DR übernahm die Werkstatt 1949 und gab sie im Frühjahr 1952 an die LEUNA-Werke ab. *Foto: Slg. D. Endisch*

sonen- und Güterwagen. Die noch brauchbaren Teile, meist Bremsarmaturen, Kupplungen, Radsätze, Puffer und Zughaken, wurden aufgearbeitet und dann an die Bahnbetriebswagenwerke der Rbd Erfurt oder die Reichsbahnausbesserungswerke Gotha und Meiningen geliefert. Außerdem ließ die Rbd Erfurt Kleinteile herstellen, wie z.B. Bolzen, Haken, Schrauben, Unterlegscheiben und Muttern. Zur WA Gehren gehörte auch ein so genannter Räumzug, der mit durchschnittlich 40 Eisenbahnern besetzt war. Deren Aufgabe war es, die auf den Bahnhöfen im Direktionsbezirk abgestellten Schadfahrzeuge entweder für einen Abtransport herzurichten oder an Ort und Stelle zu zerlegen. Doch dieses Verfahren unterband die GD der DR Ende 1950, als sie verfügte, dass Schadfahrzeuge den zuständigen Ausbesserungswerken zuzuführen sind. Die Rbd Erfurt erhielt aber eine Ausnahmegenehmigung, so dass sie die WA Gehren, die am 1. Januar 1951 insgesamt 94 Mitarbeiter zählte, weiterhin auslasten konnte.

Doch die Tage der kleinen Dienststelle waren gezählt. Trotz aller Widerstände der Rbd Erfurt verfügte die GD der DR die Schließung der WA Gehren zum 31. Dezember 1951. Zeitgleich wurde auch der Räumzug aufgelöst. Dieser wurde ab dem Sommer 1951 in den Unterlagen nur noch als »Zerlegetrupp« bezeichnet. Dieser verschrotte Kesselwagen in Niedersachswerfen (siehe S. 134). Die Fahrzeuge und Ausrüstung sowie einen Teil des Personals übernahm das Bw Nordhausen.

Die Werkstatt in Gehren übergab die DR am 5. März 1952 an die LEUNA-Werke. Diese besaßen zwar eine

Hauptwerkstatt, doch diese war völlig überlastet. Aus diesem Grund verlagerten die LEUNA-Werke einen Teil der Arbeiten nach Gehren. Dort wurden nun vor allem Dampfspeicherloks und Güterwagen repariert. Erst 1959 gaben die LEUNA-Werke die Anlagen in Thüringen auf und übergaben sie an den VEB Maschinen- und Gerätebau Langwiesen. Heute werden die Gebäude der ehemalige WA Gehren von einem Baustoffhandel genutzt.

6.5 Die Werkabteilung Halle-Nietleben

Die WA Halle-Nietleben gehörte einst der Halle-Hettstedter Eisenbahn AG (HHE). Das Unternehmen war eine der größten und profitabelsten Kleinbahnen des Lenz-Konzerns. Die HHE wurde am 28. März 1895 gegründet und betrieb die zwischen 1896 und 1899 eröffneten Strecken Halle Klaustor–Gerbstedt–Hettstedt und Gerbstedt–Friedeburger Hafen sowie die Hallesche Hafenbahn mit der Schmalspurbahn (1.000 mm) in der Turmstraße. Dort befand sich auch die erste Hauptwerkstatt der HHE, in der aber nicht nur die eigenen Lokomotiven und Wagen unterhalten wurden. Die Betriebsabteilung Halle (Saale) der Firma Lenz & Co. ließ hier auch die Revisionen für die Fahrzeuge der Kleinbahn Goldbeck-Werben und der Eisenbahn-Gesellschaft Mühlhausen-Ebeleben AG ausführen. Die Werkstatt in der Turmstraße hatte nach nur wenigen Jahren ihre Kapazitätsgrenze erreicht. Der geplante Neubau musste aber während des Ersten Weltkriegs zunächst zu den Akten gelegt werden.

Die Halle-Hettstedter Eisenbahn nahm 1922 ihre Hauptwerkstatt in Nietleben in Betrieb. Ab 1. Januar 1950 war das Werk eine Außenstelle des Raw Halle (Saale). *Foto: Slg. D. Endisch*

89 6281 (Bw Salzwedel) wartete in den 1950er-Jahren in der Werkabteilung Halle-Nietleben auf eine Ausbesserung. Das Raw Halle (Saale) schloss die Außenstelle 1968. Foto: R. Arndt, Slg. G. Schütze

Erst 1919 griff die HHE die Planungen wieder auf und erwarb 1920 die für den Neubau benötigten Flächen auf der Gemarkung Nietleben. 1922 konnte die neue Hauptwerkstatt schließlich in Betrieb genommen werden. Die Werkstatthalle besaß fünf Gleise und verfügte über eine Dreherei, eine Schmiede, eine Stellmacherei und eine Lackiererei. Neben den Fahrzeugen der HHE und der Eisenbahn-Gesellschaft Mühlhausen-Ebeleben wurden hier ab Ende der 1920er-Jahre auch die Lokomotiven und Wagen der Nauendorf-Gerlebogker Eisenbahn-Gesellschaft und der Kleinbahn AG Horka-Rothenburg-Priebus instand gehalten. Außerdem arbeiteten die Schlosser auch Maschinen von verschiedenen Werk- und Anschlussbahnen auf.

Die Provinzialverwaltung des Landes Sachsen-Anhalt stellte die HHE am 1. März 1946 unter Zwangsverwaltung. Ab 1. Januar 1947 unterstand die Werkstatt der Sächsischen Provinzbahnen GmbH, die im Sommer 1948 in der VVB des Verkehrswesens Sachsen-Anhalt aufging. Nach der Übernahme der HHE durch die DR am 1. April 1949 gehörte die Werkstatt Halle-Nietleben zur Rbd Halle. Diese unterstellte die Anlagen zum 1. Januar 1950 als Außenstelle dem benachbarten Bw Halle Klaustor. Diese kleine Dienststelle bestand jedoch nur wenige Monate. Am 1. August 1952 löste die Rbd Halle das Bw Halle Klaustor auf und unterstellte es dem Bw Halle P. Zeitgleich wurde die Werkstatt in Nietleben in eine Werkabteilung des Raw Halle (Saale) umgewandelt. Das Raw Halle (Saale) ließ zunächst Tenderlokomotiven in der WA Halle Nietleben reparieren. In der zweiten Hälfte der 1950er-Jahre wandelte sich aber das Produktionsprofil. Die WA Halle Klaustor entwickelte sich zu einer Komponentenwerkstatt für das Stammwerk. Zuletzt wurden hier meist Führerhäuser repariert.

Mitte der 1960er-Jahre begannen in der Saalestadt die Planungen für das Neubaugebiet Halle-Neustadt. Für diesen neuen Stattteil wurden auch die Flächen der ehemaligen HHE benötigt. Aus diesem Grund schloss das Raw Halle (Saale) 1968 die Werkabteilung, deren Anlagen wenig später abgerissen wurden.

6.6 Die Werkabteilung Müncheberg (Mark)

Die WA Müncheberg (Mark) lag außerhalb der Ortschaft an der heutigen Bundesstraße 1 zwischen dem Bahnhof Müncheberg und dem ehemaligen Haltepunkt Elisenhof. Die Oderbruchbahn AG (ObrB) ließ den kleinen Gebäudekomplex 1911 von der Firma Bohn & Hock aus Berlin errichten. Die 30 m lange Werkstatt verfügte über zwei Gleise für Lokreparaturen. Anfang der 1920er-Jahre entstand noch ein Anbau für die Wageninstandsetzung. Außerdem gab es noch eine Lackiererei mit zwei Ständen, die aber später zu einem Magazin umgebaut wurde. Die Werkstatt umfasste eine Dreherei, eine Gießerei, eine Schmiede, eine Stellmacherei, eine Achssenke, einen Laufkran (8 t) und eine Radsatzdrehbank. Dank der sehr guten Ausstattung konnten in Müncheberg auch umfangreiche Kesselarbeiten ausgeführt werden.

Die Hauptwerkstatt setzte nicht nur die Fahrzeuge der ObrB instand, sondern reparierte auch die Lokomotiven

Für die Instandhaltung ihrer Dampfloks, zu denen u.a. die spätere 89 6143 gehörte, unterhielt die Oderbruchbahn ab 1911 in Müncheberg eine Hauptwerkstatt. Die DR übernahm die Anlagen 1950 und übergab sie 1951 der Vereinigung Volkseigener Maschinen-Ausleih-Stationen Brandenburg. Foto: Slg. D. Endisch

und Wagen der Kreisbahn Fürstenwalde-Beeskow und der Müncheberger Kleinbahn. 1935 beschäftigte die ObrB in Müncheberg insgesamt 29 Arbeiter und 5 Lehrlinge.

Ab 1. Oktober 1945 unterstand die Werkstatt der Provinzialeisenbahndirektion Brandenburg, bevor sie ab 1. März 1947 von der VVB Landesbahnen Brandenburg verwaltet und als »Eisenbahnwerk Müncheberg« bezeichnet wurde. Mit der Übernahme der ehemaligen ObrB durch die DR am 1. April 1949 gehörte die Werkstatt zum Bereich der Rbd Berlin. Diese führte die Anlagen zunächst als ein Bahnbetriebswerk, bevor sie am 1. März 1950 als Werkabteilung dem Raw Berlin Warschauer Straße unterstellt wurden. Das Stammwerk hatte jedoch aus wirtschaftlichen Gründen kein Interesse an einem langfristigen Erhalt der WA Müncheberg. Die DR übergab die Gebäude und das Inventar daher am 26. Juni 1951 an die Vereinigung Volkseigener Maschinen-Ausleih-Stationen Brandenburg, die fortan die Anlagen nutzte.

6.7 Die Werkabteilung Perleberg

Die WA Perleberg war bis zu ihrer Schließung 1992 für die Unterhaltung der schmalspurigen Personen- und Güterwagen der DR zuständig. Die Anfänge der Werkstatt reichen zurück bis in das Jahr 1911. Die Ost- und Westprignitzer Kreiskleinbahnen (OWPK) betrieben im

Nordwesten Brandenburgs neben dem rund 100 km langen Schmalspurnetz (750 mm) des »Pollo« mit den Strecken Kyritz–Lindenberg–Perleberg, Kyritz–Breddin, Pritzwalk–Lindenberg, Glöwen–Lindenberg und Viesecke–Kreuzweg auch die regelspurigen Kleinbahnen Perleberg Süd–Karstädt–Berge–Perleberg, Berge–Putlitz und Pritzwalk–Putlitz–Suckow (Kr. Parchim). Die Betriebsführung auf diesen Strecken hatten die OWPK der Prignitzer Eisenbahn-Gesellschaft (PE) übertragen, die die Fahrzeuge in ihrer Werkstatt in Wittstock (Dosse) instand setzte. Mit dem Ausbau des Streckennetzes bis 1912 wuchs der Fahrzeugbestand der OWPK auf etwa 20 Lokomotiven und rund 200 Wagen beider Spurweiten an. Vor dem Hintergrund dieser Entwicklung beschlossen die Kreise Ostprignitz (Sitz Kyritz) und Westprignitz (Sitz Perleberg) den Bau einer eigenen Hauptwerkstatt in Perleberg, die im Oktober 1911 in Betrieb genommen wurde. Die Werkstatt arbeitete fortan alle Regel- und Schmalspurfahrzeuge der OWPK auf. Lediglich die regelspurigen Güterwagen wurden weiterhin von der PE betreut.

Die DR übernahm am 1. April 1949 mit den Strecken der ehemaligen OWPK auch die Hauptwerkstatt in Perleberg, die zu diesem Zeitpunkt rund 100 Mitarbeiter zählte. Ab 1. Januar 1950 gehörten die Anlagen als Werkabteilung zum benachbarten Raw Wittenberge. Mit der Spezialisierung der Reichsbahnausbesserungswerke endete noch 1950 die Instandhaltung von Lokomotiven und regelspurigen Wagen in der WA Perleberg. Diese war ab 1. August 1950 für die Unterhaltung der 750 mm-Wagen der Direktionen Magdeburg und Schwerin sowie der 1.000 mm-Fahrzeuge der Rbd Greifswald verantwortlich. Ab 1. Oktober 1950 gehörten auch die Wagen der Strecke Bad Doberan–Kühlungsborn West (900 mm Spurweite) zum Erhaltungsbestand der WA Perleberg. Dazu mussten die Gleise umgebaut werden, damit nun Fahrzeuge mit 750, 900, 1.000 und 1.435 mm auf dem Werksgelände bewegt werden konnten. Für den Verschub der Wagen stand eine Spillanlage zur Verfügung. Ab Mitte der 1950er-Jahre verlagerte die HvRaw schrittweise die Unterhaltung der 750 mm-Wagen der Direktionen Greifswald und Berlin nach Perleberg. Dort wurden ab 1. Januar 1960 auch die Personen- und Packwagen der Schmalspurbahnen des Harzes instand gehalten. Die Schmalspur-Güterwagen unterstanden ab 1. Juli 1962 der WA Perleberg.

Mit der schrittweisen Stilllegung der Schmalspurbahnen in der DDR schrumpfte in den 1960er-Jahren auch der Wagenbestand. Um die Kapazitäten in Perleberg auszulasten, wurden hier ab 1. Januar 1967 auch die Personenwagen der sächsischen Strecken unterhalten. Damit umfasste der Erhaltungsbestand der WA Perleberg rund 3.000 Fahrzeuge. Nach der Einstellung der Güterwagenreparatur in der WA Friedland im Frühjahr 1972 war Perleberg das letzte Ausbesserungswerk der DR, das noch Schmalspurwagen instand setzte. Allerdings erhielten die meisten Wagen zu diesem Zeitpunkt nur noch Bedarfsausbesserungen und Jahresuntersuchungen, da die Fahrzeuge in absehbarer Zeit

Die Ost- und Westprignitzer Kreiskleinbahnen nahmen 1911 ihre Hauptwerkstatt in Perleberg in Betrieb. Ende der 1940er-Jahre versammelten sich einige Lehrlinge der Hauptwerkstatt vor der Lok 07-26, der späteren 99 4505 der DR, zu einem Erinnerungsbild.
Foto: Slg. D. Endisch

Die Personen- und Packwagen der sächsischen Schmalspurbahnen wurden ab 1967 in der Werkabteilung Perleberg unterhalten. 99 1653 legte am 29. Oktober 1971 mit einem Personenzug in Kesselsdorf einen kurzen Halt ein. Foto: Slg. D. Endisch

ausgemustert werden sollten. Dies änderte sich aber mit dem Beschluss des Ministeriums für Verkehrswesen (MfV) vom 17. September 1973, einige Strecken langfristig weiter zu betreiben. Damit war auch der Fortbestand der WA Perleberg gesichert. Deren Eisenbahner standen aber vor immer größeren Problemen, da viele der etwa 350 Reisezug- und 90 Güterwagen (Stand 1977) erhebliche Verschleißerscheinungen aufwiesen. Aus diesem Grund begann 1977 die Modernisierung der Reisezugwagen. Die Fahrzeuge erhielten während einer Hauptuntersuchung (R 4) neue Wagenkästen in Stahlkonstruktion. Die alten Dächer blieben aber erhalten. Die WA Perleberg bezeichnete diese Fahrzeuge offiziell als »Modernisierungswagen«. Ab 1982 wurden die Wagen mit neuen Blechdächern mit einer einheitlichen Breite von 2.480 mm ausgerüstet. Zu diesem Zeitpunkt betreute die WA Perleberg noch etwa 400 Fahrzeuge.

Die Werkhalle verfügte über 11 Gleise mit insgesamt 14 Ständen. Mit Hilfe zweier Schiebebühnen konnten die Wagen verteilt werden. Die WA Perleberg verfügte neben einer Dreherei, einer Schmiede und einer Tischlerei noch über eine Entrosterhalle, einen Waschstand, eine Lackierhalle und einen so genannten Modernisierungsstand. 1985 waren noch etwa 65 Eisenbahner in der Werkabteilung beschäftigt, die für die Erhaltung von 261 Personen-, 66 Pack- sowie 98 Güter- und Bahndienstwagen verantwortlich waren.

Erst mit den wirtschaftlichen Umbrüchen der Jahre 1990/91 hatte die WA Perleberg ausgedient. Die kleine Außenstelle galt nun als veraltet und unwirtschaftlich. Die DR schloss die Werkstatt offiziell am 30. Juni 1992. Während die Wagen der sächsischen Schmalspurbahnen nun zum Aufgabenbereich des Raw Görlitz gehörten, wurden die Wagen der Schmalspurbahnen im Harz und an der Ostseeküste bis zu deren Privatisierung im Raw Wittenberge betreut. An die WA Perleberg erinnern heute nur noch die leerstehenden Gebäude.

6.8 Die Werkabteilung Stendal Ost

Die WA Stendal Ost war einst die Hauptwerkstatt der provinzialsächsischen Kleinbahnen. Nach dem Inkrafttreten des so genannten Kleinbahngesetzes im Jahr 1892 entstanden auch in der preußischen Provinz Sachsen mit finanzieller Unterstützung der öffentlichen Hand mehrere regelspurige Kleinbahnen. Im Hinblick auf eine möglichst effektive Betriebsführung beschloss der Landtag die Gründung der so genannten Kleinbahnabteilung, die am 1. Januar 1907 in Merseburg ihre Arbeit aufnahm. Der Kleinbahnabteilung oblag neben den Vorarbeiten für neue Strecken die Betriebsführung auf Kleinbahnen, an denen die Provinz beteiligt war. Bereits im Sommer 1912 verwaltete die Kleinbahnabteilung ein rund 500 km langes Streckennetz mit 71 Lokomotiven, 136 Personen- und Packwagen sowie 70 Güterwagen für den Binnenverkehr. Die gesetzlich vorgeschriebenen Haupt- und Zwischenuntersuchungen führten die einzelnen Unternehmen noch in ihren eigenen Werkstätten durch. Dies war jedoch auf Dauer unwirtschaftlich. Aus diesem Grund schlug der Leiter der Kleinbahnabteilung, Landesbaurat Wilhelm Linsenhoff, am 5. September

1912 in einer Denkschrift den »Bau einer Zentralen Reparaturwerkstatt für die Kleinbahnen der Provinz Sachsen« vor. Die als wirtschaftlich eigenständiges Unternehmen geplante Hauptwerkstatt sollte in Stendal errichtet werden. Zur Begründung erklärte Linsenhoff: *»Mit Rücksicht darauf, daß die Kleinbahnen kein geschlossenes Netz bilden, sondern über die ganze Provinz verteilt sind, war die Frage, wo man die Werkstatt errichten sollte, besonderer Erwähnung wert. Da in der Altmark das Netz der Kleinbahnen am größten und dichtesten ist, kam (...) Stendal in Frage. Um Stendal herum befinden sich (mehrere) Bahnen im Betriebe, so daß ohne große Frachtkosten die meisten in Frage kommenden Betriebsmittel hierher gebracht werden können. Der Magistrat (...) hat auch Interesse an der Errichtung der Werkstatt (...) und will (...) Gelände von etwa 12 Morgen unentgeltlich zur Verfügung stellen.«*

Die Kosten für die Gründung des Unternehmens und den Bau der Werkstatt veranschlagte der Landesbaurat auf 500.000 Mark. Das Kapital brachten schließlich das Königreich Preußen, die Provinz Sachsen, die Stadt Stendal und die von der Kleinbahnabteilung betriebenen Unternehmen gemeinsam auf. Sie gründen am 21. September 1913 die »Sächsische Eisenbahnbedarfs- und Maschinenfabrik GmbH«, zu deren Geschäftsführer Wilhelm Linsenhoff berufen wurde.

Nur wenig später begannen die Bauarbeiten. Die Anschlussbahn für die Hauptwerkstatt wurde am

Im Jahr 1977 begann die Werkabteilung Perleberg mit der Modernisierung der schmalspurigen Reisezugwagen der DR. Seit 1982 wurden die Wagen auch mit neuen Blechdächern ausgerüstet. Die ersten Exemplare dieser so genannten Reko-Wagen trafen 1984 im Harz ein. 99 7240 stand im Sommer 1988 mit einem aus Reko-Wagen gebildeten Zug im Bahnhof Alexisbad. Foto: D. Endisch

27. Mai 1914 abgenommen. Anfang 1915 konnte das Werk schließlich seine Arbeit aufnehmen. Am 12. Juni 1915 beschlossen die Gesellschafter eine Namensänderung für das Unternehmen, das fortan als »Sächsische Eisenbahnbedarfs- und Maschinenfabrik GmbH – Sachsenwerk« firmierte. Die Geschäftsführung und die Handelsabteilung saßen in Merseburg und unterstanden direkt der Kleinbahnabteilung. Der Handelsabteilung, die offiziell am 1. März 1915 ihre Arbeit aufnahm, oblag z.B. die Beschaffung von Ersatzteilen, Kohle und Schmierstoffen für die provinzialsächsischen Kleinbahnen. Diese ließen fortan alle Revisionen und größeren Reparaturen an ihren Fahrzeugen im Sachsenwerk ausführen.

Die Ausstattung der Hauptwerkstatt galt als modern. Für die Instandsetzung der Loks und Wagen waren jeweils acht Stände vorhanden. Die Werkhalle besaß eine Schiebebühne und eine Drehscheibe. Das Sachsenwerk besaß eine Kesselschmiede, einen Laufkran mit 15 t Tragfähigkeit, mechanische Werkstätten, eine Gießerei, eine Tischlerei, eine Lackiererei sowie Ausrüstungen für elektrisches und autogenes Schweißen. Neben Lokomotiven und Wagen setzten die Mitarbeiter des Sachsenwerks auch Straßenfahrzeuge und landwirtschaftliche Maschinen instand. Ab 1916 baute das Unternehmen auch Personen- und Güterwagen für die provinzialsächsischen Kleinbahnen.

Der Personalbestand des Sachsenwerks schwankte aufgrund der unterschiedlichen Auslastung. Während 1922 über 210 Arbeiter und Angestellte in der Werkstatt beschäftigt waren, standen ab 1926 nur noch durchschnittlich 85 Männer und Frauen auf der Gehaltsliste. Während der Weltwirtschaftskrise schrumpfte die Belegschaft auf rund 65 Mitarbeiter. In den 1930er-Jahren zählte das Sachsenwerk etwa 100 Beschäftigte. Besondere Bedeutung besaß im Sachsenwerk die Lehrlingsausbildung. Das Unternehmen beschäftigte durchschnittlich 20 Lehrlinge, die nach einer dreijährigen Ausbildung eine Gesellenprüfung ablegten. Die meisten von ihnen fingen anschließend bei einer der provinzialsächsischen Kleinbahnen an und qualifizierten sich später zu Lokführern.

Das Sachsenwerk stellte im Frühjahr 1945 seine Arbeit ein. Erst am 4. Juni 1945 kehrten die Schlosser wieder an ihre Arbeitsplätze zurück. Die Provinzialverwaltung beschlagnahmte das Unternehmen am 8. März 1946, bevor es am 25. August 1948 enteignet wurde. Zu diesem Zeitpunkt zählte das ehemalige Sachsenwerk insgesamt 103 Beschäftigte.

Am 1. April 1949 übernahm die DR die Werkstatt und wandelte sie zum 1. Januar 1950 in eine Werkabteilung des Raw Stendal um. Das Sachsenwerk wurde zunächst als »Betriebsteil Ost« und später als »Produktionsabschnitt 4« (PA 4) bezeichnet. Die hier beschäftigten Werkstätteneisenbahner arbeiteten mehr als 20 Jahre Tender und Führerhäuser auf. Diese Ära ging 1975 mit der Übernahme der Baureihe 110 durch das Raw Stendal (siehe S. 63) zu Ende. Schrittweise wurde der Betriebsteil Ost auf die Reparatur von Behältern, Kühlern, Ölwärmetauschern und elektrischen Maschinen für die Baureihe 110 umgestellt. Anfang der 1990er-Jahre hatte das ehemalige Sachsenwerk schließlich ausgedient. Mit dem Rückgang des Erhaltungsbestandes bei den Dieselloks der Baureihen 110 und ihrer Schwestertypen musste das Raw Stendal ab dem Sommer 1990 auch seine Kapazitäten verringern. 1993 wurde der Betriebsteil Ost aufgegeben und die Gebäude geräumt. Seither verfallen die Anlagen.

6.9 Die Werkabteilung Weimar Berkaer Bf

Für die Unterhaltung ihrer Fahrzeuge richtete die Centralverwaltung für Secundairbahnen Herrmann Bachstein (CV) 1890 im Bahnhof Weimar der Weimar-Berka-Blankenhainer Eisenbahn (WBBE) eine Hauptwerkstatt ein. Dazu griff die CV auf den zweigleisigen Lokschuppen der WBBE zurück, der während des Ersten Weltkrieges durch einen 30 m langen und 22 m breiten Anbau vergrößert wurde. 1922/23 ließ die CV den ehemaligen Lokschuppen

Auch auf den sächsischen Schmalspurbahnen prägen heute die in der Werkabteilung Perleberg modernisierten Personen- und Packwagen das Bild. 099 723 (ex 99 734) war am 11. Mai 1998 mit einem Zug aus Reko-Wagen bei Malter unterwegs. *Foto: D. Endisch*

durch einen 13 m langen Vorbau verlängern. Im Zuge eines Konzernumbaus gliederte die CV den Werkstattkomplex in die am 6. Oktober 1923 gegründete Thüringische Eisenbahn-Aktiengesellschaft (Theag) aus. Gleichwohl arbeitete die Hauptwerkstatt auch weiterhin die Lokomotiven und Wagen der von der CV betriebenen Nebenbahnen auf. Die Werkstatt im Berkaer Bahnhof war modern ausgestattet. Sie besaß neben Drehbänken auch eine Waagerecht- und eine Senkrecht-Stoßmaschine, eine Fräsmaschine, ein Strassmann-Bohrwerk zum Bearbeiten der Stangenlager, ein Zylinderbohrwerk und eine Radsatzdrehbank. Die Kesselschmiede führte auch aufwändige Reparaturen an den Dampferzeugern aus. Eine Wagenabteilung und eine Lackiererei ergänzten die Hauptwerkstatt.

Die sowjetische Militärverwaltung für Thüringen enteignete im Sommer 1946 die Theag. Dies galt auch für die Hauptwerkstatt, die ab 1. Februar 1948 durch die VVB Thüringer Landesbahnen verwaltet wurde. Bereits seit 1946 setzten die Schlosser auch Fahrzeuge anderer ehemaliger Klein- und Privatbahnen in Thüringen instand. Ab 1. April 1949 gehörten die Anlagen der DR. Die zuständige Rbd Erfurt wandelte die ehemalige Hauptwerkstatt in eine Werkabteilung des Bw Weimar um. Die WA Weimar Berkaer Bf arbeitete im Auftrag der Rbd Erfurt zunächst meist Tenderloks der Baureihen 78.0–5 und 94.5–18 auf. Allerdings meldete bereits im Sommer 1950 die Kesselwagenleitstelle der DR Bedarf an zusätzlichen Instandhaltungskapazitäten an. Aus diesem Grund wies die GD der DR die Rbd Erfurt an, die WA Weimar Berkaer Bf zum 1. Januar 1951 an die Kesselwagenleitstelle zu übergeben. Diese nutzte die Anlagen bis 1953. Zum 1. Januar 1954 gab die Kesselwagenleitstelle die Gebäude an die Rbd Erfurt zurück, die hier eine Signalwerkstatt einrichtete. Hier wurden zunächst Schrankenanlagen repariert, bevor die Unterhaltung der mit Propangas betriebenen Signallaternen für den gesamten Bereich der Rbd Erfurt begann. Mit der Gründung der DB AG wurde die Werkstatt an den Bereich Bahnbau übergeben, der hier ein Zentrallager für Leit- und Sicherungstechnik unterhielt.

7. Anhang

Abkürzungsverzeichnis

AEG	Allgemeine Elektrizitäts-Gesellschaft, Berlin
AIE	Arnstadt-Ichtershausener Eisenbahn
ALS	ALSTOM Lokomotiven Service GmbH, Stendal
ASF	Akkuschleppfahrzeug
Aw	Ausbesserungswerk
BASF	Badische Anilin- & Soda-Fabrik
Bema	Blankenburger Eisenbahnbedarfs- und Maschinenfabrik GmbH
BFA	Bereich Fahrzeugausbesserung
BGE	Berlin-Görlitzer Eisenbahn-Gesellschaft
BMAG	Berliner Maschinenbau-AG, vormals Louis Schwartzkopff
BMK	Bau- und Montage-Kombinat
Borsig	Lokomotivfabrik August Borsig, Berlin-Tegel; ab 1931: Borsig Lokomotiv-Werke GmbH, Hennigsdorf-Osthavelland
BPE	Berlin-Potsdamer Eisenbahn-Gesellschaft
BPME	Berlin-Potsdam-Magdeburger Eisenbahn-Gesellschaft
Breuer	Maschinen- und Armaturenfabrik, vormals H. Breuer & Co., Höchst am Main
BStE	Berlin-Stettiner Eisenbahn-Gesellschaft
BVB	Berliner Verkehrsbetriebe
BVG Ost	Berliner Verkehrs-Gesellschaft (Ostberlin)
Bw	Bahnbetriebswerk
BWG	Butzbacher Weichenbau GmbH
Bwst	Betriebswerkstätte
Bww	Bahnbetriebswagenwerk
CME	Cöln-Mindener Eisenbahn-Gesellschaft
CV	Centralverwaltung für Secundairbahnen Herrmann Bachstein
ČSD	Tschechoslowakische Staatsbahnen
DB	Deutsche Bundesbahn
DB AG	Deutsche Bahn AG
DBS	Direktionsbeschaffungsstelle
Demag	Deutsche Maschinenbau-AG
Deutz	Gasmotorenfabrik Deutz AG; ab 1938: Klöckner-Humboldt-Deutz AG
DIN	Deutsche Industrie-Normen
DLW	Dampflokwerk Meiningen
DR	Deutsche Reichsbahn in der DR
DRB	Deutsche Reichsbahn (1937–1945)
DRG	Deutsche Reichsbahn-Gesellschaft (1925–1937)
DSF	Deutsch-Sowjetische Freundschaft
DWK	Deutsche Werke Kiel AG
EAW	Eisenbahn-Ausbesserungswerk
ED	Eisenbahndirektion
Esslingen	Maschinenfabrik Esslingen, Esslingen am Neckar
ET	Elektrotriebwagen
EVA	Eisenbahn-Verkehrsmittel AG
FBH	Fahrzeugbau Halberstadt
FDGB	Freier Deutscher Gewerkschaftsbund
FEV	Forschungs- und Entwicklungswerk des Verkehrswesens
FEW	Forschungs- und Entwicklungswerk
FMS	Fahrbare meteorologische Station
FMW	Fahrleitungsmontagewagen
FVA	Fahrzeug-Versuchsanstalt Halle (Saale)
FWN	Fahrzeugwerke Niedersachswerfen GmbH
G 0	Bedarfsausbesserung bei Güterwagen
G 2	Jahresuntersuchung bei Güterwagen
G 3	Jahresuntersuchung mit Anstrich bei Güterwagen
G 4	Hauptuntersuchung bei Güterwagen
G 5	Generalreparatur bei Güterwagen
GB	Geschäftsbereich
GD	Generaldirektion
GDW	Geschäftsführende Direktionen für das

	Werkstättenwesen
Gestapo	Geheime Staatspolizei
GHE	Gernrode-Harzgeroder Eisenbahn-Gesellschaft
Gmeinder	Gmeinder & Co. GmbH, Mosbach
GMF	Gleismessfahrzeug
GR	Generalreparatur
Grafenstaden	Elsässische Maschinenbau Gesellschaft Grafenstaden
GSU	Gesellschaft für Sicherheits- und Umwelttechniken GmbH
GVZ	Güterverkehrszentrum
Hanomag	Hannoversche Maschinenbau-AG, vormals Georg Eggestorff, Hannover-Linden
Hartmann	Sächsische Maschinenfabrik AG, vormals Richard Hartmann, Chemnitz
HBE	Halberstadt-Blankenburger Eisenbahn-Gesellschaft
Henschel	Henschel & Sohn AG, Kassel; später: Henschel & Sohn GmbH
HfV	Hochschule für Verkehrswesen »Friedrich List«, Dresden
HHE	Halle-Hettstedter Eisenbahn AG
Hohenzollern	Hohenzollern AG für Lokomotiven, Düsseldorf-Grafenberg
HSB	Harzer Schmalspurbahnen GmbH
HV	Hauptverwaltung
HvM	Hauptverwaltung der Maschinenwirtschaft
HvRaw	Hauptverwaltung der Reichsbahnausbesserungswerke
HvW	Hauptverwaltung der Wagenwirtschaft
HW	Hauptwerkstätte
Ibr	Ingenieurbüro für die Ausbesserungswerke
IG	Interessengemeinschaft oder Industriegewerkschaft
IGE	Ilmenau-Großbreitenbacher Eisenbahn
IZG	Instandhaltungszentrum Getriebe
	Chemnitz
Jung	Lokomotivfabrik Arnold Jung, Jungenthal bei Kirchen (Sieg)
K3	Kesselzwischenuntersuchung
K4	Kesselhauptuntersuchung
Kaw	Kraftwagen-Ausbesserungswerk
Kb	Kleinlok (Benzinmotor) mit mechanischer Kraftübertragung
KED	Königliche Eisenbahn-Direktion
KIB	Kraftfahrzeuginstandsetzungsbetrieb
Kö	Kleinlok (Dieselmotor) mit mechanischer Kraftübertragung
KPD	Kommunistische Partei Deutschlands
Krauss	Lokomotivfabrik Krauss & Co, München-Sendling
Krauss-Maffei	Krauss-Maffei AG, München-Allach
K.Sächs.Sts.E.	Königlich Sächsische Staatseisenbahnen
KZ	Konzentrationslager
L0	Bedarfsausbesserung
L2	Zwischenausbesserung
L4	Hauptuntersuchung
LEW	VEB Lokomotivbau-Elektrotechnische Werke »Hans Beimler«, Hennigsdorf
Linke-Hofmann	Linke-Hofmann Werke, Breslau
LKM	VEB Lokomotivbau »Karl Marx«, Babelsberg
LRS	Leipzig Rail Service GmbH
LWO	Langfristige Werkeordnung
MCHLE	Magdeburg-Cöthen-Halle-Leipziger Eisenbahn-Gesellschaft
MdöA	Ministerium der öffentlichen Arbeiten
MfE	Ministerium für Eisenbahnwesen
MFFE	Mecklenburgische Friedrich-Franz-Eisenbahnen
MfV	Ministerium für Verkehrswesen
MHE	Magdeburg-Halberstädter Eisenbahn-Gesellschaft
Mitropa	Mitteleuropäische Schlafwagen- und Speisewagen-AG
Mod-Wagen	Modernisierungswagen

Abkürzungsverzeichnis

MPSB	Mecklenburg-Pommersche Schmalspurbahn AG
NW	Nebenwerkstatt
NWE	Nordhausen-Wernigeroder Eisenbahn-Gesellschaft
O & K	Orenstein & Koppel, Drewitz und Nowawes (bei Potsdam); von 1940 bis 1945: Maschinenbau- und Bahnbedarfs-AG
ObrB	Oderbruchbahn AG
Öffa	Deutsche Gesellschaft für öffentliche Arbeiten
OWPK	Ost- und Westprignitzer Kreiskleinbahnen
PE	Prignitzer Eisenbahn-Gesellschaft
R 4	Hauptuntersuchung bei Reisezugwagen
RAW/Raw[1]	Reichsbahnausbesserungswerk
RB	Regionalbereich
RBD/Rbd[1]	Reichsbahndirektion
Rbd Aw	Reichsbahndirektion der Ausbesserungswerke
REW	Reichsbahn-Entwicklungswerk
RISS	Regio Infra Service Sachsen GmbH
RM	Reichsmark
RVM	Reichsverkehrsministerium
SBZ	Sowjetische Besatzungszone; ab 07.10.1949: DDR
Schichau	Ferdinand Schichau GmbH, Maschinen- und Lokomotivfabrik, Elbing
SED	Sozialistische Einheitspartei Deutschlands
SeG	Saaleisenbahn-Gesellschaft
SEG	Süddeutsche Eisenbahn-Gesellschaft
SEM	Sächsisches Eisenbahn-Museum Chemnitz-Hilbersdorf
SFW	Schienenfahrzeugwerk Delitzsch GmbH
SKL	Schwerer Kleinwagen
SMAD	Sowjetische Militäradministration in Deutschland
SPD	Sozialdemokratische Partei Deutschlands
SPM	Schneepflug Bauart Meiningen
SVA	Schweißtechnische Versuchsanstalt
SVT	Schnelltriebwagen
Theag	Thüringische Eisenbahn-Aktiengesellschaft
ThEG	Thüringische Eisenbahn-Gesellschaft
TW	Trommelwagen
Union	Union-Gießerei Königsberg
USPD	Unabhängige Sozialdemokratische Partei Deutschlands
VB	Triebwagenbeiwagen
VEB	Volkseigener Betrieb
VES-M	Versuchs- und Entwicklungsstelle der Maschinenwirtschaft Halle (Saale)
VES-W	Versuchs- und Entwicklungsstelle der Wagenwirtschaft Delitzsch
VIS	Verkehrs Industrie Systeme GmbH
VS	Triebwagensteuerwagen
VT	Verbrennungstriebwagen
Vulcan	Vulcan, Stettiner Maschinenbau AG
VVB	Vereinigung Volkseigener Betriebe
WA	Werkabteilung
WBBE	Weimar-Berka-Blankenhainer Eisenbahn
WBZ	Weiterbildungszentrum
WEG	Werra Eisenbahn-Gesellschaft
Wifo	Wirtschaftliche Forschungsgesellschaft mbH
Windhoff	Rheiner Maschinenfabrik Windhoff AG
WL	Werklok
Wolf	R. Wolf AG, Abteilung Lokomotivfabrik Hagans
WT	Werkteil
ZK	Zentralkomitee
ZPEV	Zentrale Prüf- und Entwicklungsstelle des Verkehrswesens
ZPKK	Zentrale Parteikontrollkommission

Anmerkung: [1] Mit Wirkung zum 1. Juli 1952 führte die Generaldirektion der DR die Kleinschreibung dieser Abkürzung ein.

Literaturverzeichnis

- Adler, Harald: 100 Jahre unter Volldampf, Bahnwerk Leipzig-Engelsdorf; Leipzig 2005.
- Baum, Jürgen: Werkabt. Perleberg des Raw Wittenberge; in: Die Museums-Eisenbahn, Heft 3/1991, S. 32–33.
- Bergelt, Markus: Solide Arbeit; in: Lok-Magazin, Heft 5/2016; S. 80–89.
- DB Fahrzeuginstandhaltung GmbH (Hrsg.): 135 Jahre Werk Wittenberge, Fahrzeuginstandhaltung mit Tradition und Zukunft; Wittenberg 2011.
- DB Fahrzeuginstandhaltung GmbH (Hrsg.): Dampflokwerk Meiningen, Die Erste Adresse für Spezial-Leistungen; Meiningen 2014.
- Deutsche Reichsbahn, Politische Verwaltung: Zeittafel zur Entwicklung des sozialistischen Eisenbahnwesens in der Deutschen Demokratischen Republik (1949–1969); Berlin 1969.
- DMV der DDR; AG 8/9 Rostock »Freunde der Eisenbahn« (Hrsg.): Die Eisenbahnwerkstatt Malchin 1864–1989 (Blätter zur Verkehrsgeschichte Mecklenburgs, Heft 7); Rostock 1990.
- DMV der DDR; AG 8/9 Rostock »Freunde der Eisenbahn« (Hrsg.): Elektrisch nach Rostock, Eisenbahnjubiläumsjahr 1985; Rostock 1985.
- Dostal, Michael: Warum gerade 18,7 Meter?; in: Lok-Magazin Heft 10/2001, S. 58–63.
- Dotschkat, Erich; Schmidt, Hartwig: Das ehemalige Bahnbetriebswerk Weimar; Weimar 2004.
- Drescher, Werner: Die Saal-Eisenbahn und ihre Anschlussbahnen (Transpress-Reihe Verkehrsgeschichte); Berlin 1987.
- Ebel, Jürgen-Ulrich: Das Dampflokwerk Meiningen (EK-Spezial 50); Freiburg 1998.
- Endisch, Dirk: Blankenburger Spezialitäten; in: Die Kleinbahn, Band 24, S. 50–62.
- Endisch, Dirk: Die Hauptbahn Halberstadt–Thale; Korntal-Münchingen 2006.
- Endisch, Dirk: Die Kleinbahnabteilung Merseburg; in: Die Kleinbahn, Band 21, S, 40–77.
- Endisch, Dirk: Die Verkehrsbetriebe Bachstein, Von der »Centralverwaltung für Secundairbahnen« zum modernen Verkehrsunternehmen; Leonberg-Höfingen 2004.
- Endisch, Dirk: Nebenbahnen der HBE, Die Geschichte der Strecken Halberstadt–Blankenburg, Langenstein–Derenburg–Minsleben und Blankenburg–Thale Bodetal–Quedlinburg; Stendal 2012.
- Ernert, Kurt: 150 Jahre Eisenbahnwerkstätten in Potsdam, 1. Teil; in: Modelleisenbahner, Heft 9/1988, S. 4–7.
- Ernert, Kurt: 150 Jahre Eisenbahnwerkstätten in Potsdam, 2. Teil; in: Modelleisenbahner, Heft 9/1988, S. 10–18.
- Fiebig, Günther: 50 Jahre Reichsbahnausbesserungswerk Dessau; in: Der Modelleisenbahner, Heft 9/1979, S. 258–260.
- Frister, Thomas; Hommel, Detlef (Hrsg.): Die RBD Erfurt 1945, Thüringen zwischen Kapitulation und Reparation (EK-Reihe Regionale Eisenbahngeschichte, Band 17); Freiburg 1997.
- Fritsch, Harald: Der Gleiskraftwagen (SKL) des Typs »Schöneweide« der Deutschen Reichsbahn; in: Der Modelleisenbahner, Heft 11/1978, S. 336–337.
- Frister, Thomas: Das Raw Cottbus; in: Eisenbahn-Kurier, Heft 6 /1992, S. 6–11.
- Glatte, Wolfgang: Früher: Reko. Heute: Relaunch.; in: Lok-Magazin Heft 3/2005, S. 70–77
- Gottwaldt, Alfred B.: Preußens Werkstatt; in: Lok-Magazin, Heft 3/2001, S. 52–57.
- Gottwaldt, Alfred B.: Eisenbahner gegen Hitler, Widerstand und Verfolgung bei der Reichsbahn 1933–1945; Wiesbaden 2009.
- Henschel, Klaus: Das Raw »DSF« Görlitz gestern und heute; in: Modelleisenbahner, Heft 7/1987, S. 6–9.
- Hernickel, Karl-Heinz: 125 Jahre Deutsche Reichsbahn Kraftwagenausbesserungswerk Greifswald; Greifswald 1988.

Literaturverzeichnis

- Jäkel, Werner; Müller, Eberhard: Die Reko-Wagen der Deutschen Reichsbahn, Rekonstruktion zwei- und dreiachsiger Reisewagen; in: Der Modelleisenbahner, Heft 9/1963, S. 243–247.
- Kaiß, Kurt; Hengst, Matthias: Dresdens Eisenbahn 1894–1994; Düsseldorf 1994.
- Kieschke, Horst; Werner, Sebastian: Reichsbahndirektion Cottbus 1945–1990 (Deutsche Reichsbahndirektionen); Berlin 2011.
- Klotz, Günther: Neubau von Fahrzeugen im Bereich Fahrzeugausbesserung der DR; in: Schienenfahrzeuge, Heft 1/1986, S. 13–15.
- Köhler, Gottfried: Vierachsige Reko-Wagen der Deutschen Reichsbahn; in: Der Modelleisenbahner, Heft 2/1965, S. 37–38.
- Kurth, Michael: Die Ilmenau-Großbreitenbacher Eisenbahn, Die Geschichte einer »süddeutschen« Privatbahn in Thüringen; Freiburg 2005.
- Kurth, Michael; Haußen, Ulf und Waldemar: Die Weimar-Berka-Blankenhainer Eisenbahn, Von der »Berk´schen Bimmel« zur »Ilmtalbahn«; Freiburg 2007.
- Lucas, Volker: Erinnerungen an das Raw Halle; in: Eisenbahn-Kurier, Heft 12/2000, S. 56–58.
- Lüderitz, Ralph; Rammelt, Hans-Dieter: Die Halle-Hettstedter Eisenbahn, Die wechselvolle Geschichte der H.H.E. (EK-Reihe Regionale Verkehrsgeschichte, Band 11); Freiburg 1996.
- Machel, Wolf-Dietger: Die Mecklenburg-Pommersche Schmalspurbahn (Transpress Verkehrsgeschichte); 2., völlig überarbeitete Auflage; Stuttgart 1997.
- Meininger Dampflok Verein e.V. (Hrsg.): 90 Jahre Dampflokwerk 1914–2004 (Meininger Dampf-Zeit, Heft 8); Meiningen 2004.
- Meininger Dampflok Verein e.V. (Hrsg.): 100 Jahre Dampflokwerk Meiningen (Meininger Dampf-Zeit, Heft 54); Meiningen 2014.
- Meyer, Lothar; Regling, Dr. Horst: Die Oderbruchbahn, Zur Geschichte einer Kleinbahn in der Mark Brandenburg (Transpress Verkehrsgeschichte); Stuttgart 1995.
- Müller-Enbergs, Helmut; Wielgohs, Jan; Hoffmann, Dieter (Hrsg.): Wer war wer in der DDR?, Ein biografisches Lexikon; Berlin 2001.
- Niedt, Franz: Reko-Reisezugwagen der DR erhöhten Reisekultur; in: Schienenfahrzeuge, Heft 6/1985, S. 296–297.
- Niedt, Franz: Rekonstruktion der zwei- und dreiachsigen Reisezugwagen der Deutschen Reichsbahn; in: Deutsche Eisenbahn-Technik, Heft 4/1960, S. 165–175.
- Nieke, Matthias: Die ersten Rekowagen der Deutschen Reichsbahn; in: Lokrundschau, Heft 142 (Juli/August 1992), S. 66–68.
- o.A.: 70 Jahre S-Bahn-Hauptwerkstätte Berlin-Schöneweide; in: Eisenbahn-Kurier Heft 1/1998, S. 30–31.
- o.A.: Ausbesserungswerke (Bahn-Extra, Nr. 49, Heft 6/2000); München 2000.
- o.A.: Chronik Werk Dessau (unveröffentlichtes Manuskript); Dessau 1999.
- o.A.: Peter Kühne – ein Pionier des Werkstättenwesens; in: Schienenfahrzeuge, Heft 6/1985, S. 310.
- Peters, Dr. Jan-Henrik: Alles fließt, Die technisch-technologische Umgestaltung des Werkstättenwesens bei der DRG; in: Lok-Magazin, Heft 3/1998, S. 44–50.
- Peters, Dr. Jan-Henrik: Auf dem Weg zum Raw, Die Rationalisierung des Werkstättenwesens bei der DRG; in: Lok-Magazin, Heft 5/1997, S. 54–61.
- Peters, Dr. Jan-Henrik: S-Bahnen wie am Fließband; in: Lok-Magazin, Heft 4/2000, S. 52–58.

- Raw »7. Oktober« Zwickau (Hrsg.): Fünfzig Jahre Reichsbahnausbesserungswerk – Fünfzig Jahre Arbeiterbewegung 1908–1958, Aus Vergangenheit und Gegenwart des Raw »7. Oktober« in Zwickau; Zwickau 1958.
- Raw Delitzsch (Hrsg.): 10 Jahre VEB; Reichsbahnausbesserungswerk Delitzsch; Delitzsch 1955.
- Raw »Einheit« Leipzig-Engelsdorf (Hrsg.): Aus der Geschichte des Reichsbahnausbesserungswerks »Einheit« Leipzig 1905–1980; Leipzig 1980.
- Raw Halberstadt (Hrsg.): 150 Jahre Magdeburg-Halberstädter Eisenbahn, 150 Jahre Dienstleistungen für die Bahn in Halberstadt; Halberstadt 1993.
- Raw Halberstadt (Hrsg.): Erste zusammenfassende Darstellung der Geschichte des Reichsbahn-Ausbesserungswerkes Halberstadt (Sonderdruck aus »Unser Ziel«); Halberstadt 1980.
- Raw »Helmut Scholz« Meiningen (Hrsg.): Chronik des Raw »Helmut Scholz« Meiningen, Teil 1; Meiningen 1989.
- Raw »Helmut Scholz« Meiningen (Hrsg.): Chronik des Raw »Helmut Scholz« Meiningen, Teil 2, 1953–1960; Meiningen 1989.
- Raw »Herbert Warnke« Delitzsch (Hrsg.): Chronik 75 Jahre Raw Delitzsch 1908–1983, Zur Entwicklung der Arbeiterklasse des Betriebes; Delitzsch 1983.
- Raw Stendal (Hrsg.): Unser Werk 1873–1973, 100 Jahre Reichsbahnausbesserungswerk Stendal; Stendal 1973.
- Raw Stendal (Hrsg.): Von der Dampf- zur Diesellokomotive, Die Werktätigen des Raw »Fritz Heckert« Stendal machen Geschichte; Stendal 1985.
- Raw Wittenberge (Hrsg.): In den Händen des Volkes, 18 Jahre Reichsbahnausbesserungswerk Wittenberge; Wittenberge 1963.
- Raw »7. Oktober« Zwickau: 1908–1958 Fünfzig Jahre Reichsbahnausbesserungswerk – Fünfzig Jahre Arbeiterbwegung; Aus Vergangenheit und Gegenwart des Raw »7. Oktober« in Zwickau; Zwickau 1958.
- Rbd Erfurt (hrsg.): 100 Jahre Reichsbahndirektion Erfurt 1882–1982; Erfurt 1982.
- Regling, D. Horst; Grusenick, Dieter; Morlok, Erich: Die Berlin-Stettiner Eisenbahn; Stuttgart 1996.
- Rettig, Wilfried: Das Raw Görlitz, Vom Bahnbetriebs- zum Ausbesserungswerk für Schmalspurlokomotiven; Freiburg 2013.
- Schultz, Lothar: Die Eisenbahnwerkstatt Malchin 1864–1989 (Blätter zur Verkehrsgeschichte Mecklenburgs Nr. 7); Rostock 1989.
- Schultz, Lothar: Eisenbahnen in Mecklenburg (Transpress Verkehrsgeschichte); Berlin 1988.
- Schulz, Manfred; Lüdicke, Werner: Das Raw Görlitz; in: Die Museums-Eisenbahn, Heft 4/1990, S. 12–13.
- Schulze, Jörg: Das RAW Brandenburg West – 80 Jahre Eisenbahnbetriebe in Brandenburg-Kirchmöser; Berlin 2000.
- Tebner, Dieter: 147 Jahre Raw »Erwin Kramer« Potsdam; in: Schienenfahrzeuge, Heft 4/1985, S. 195–200.
- Weber, Lothar: Die Ferkeltaxe, Die Baureihe LVT 2.09 der DR (Reihe Lok-Legenden); Stuttgart 2016.
- Weber, Lothar: Universal-Genie, Die Baureihe V 100 der DR (Reihe Lok-Legenden); Stuttgart 2015.
- Weigert, Ernst-Andreas: 90 Jahre Aw Delitzsch; in: Eisenbahn-Kurier, Heft 11/1998, S. 42–44.
- Werk Magdeburg-Salbke (Hrsg.): 100 Jahre Ausbesserungswerk Magdeburg 1895–1995, Von der Wagenwerkstatt zum modernen Reparaturwerk; Magdeburg 1995.